特种加工技术

熊　达　王　波　主编

合肥工业大学出版社

前　　言

模具成型零件是模具组成结构中的重要工作零件。由于相对严苛的工作条件，使其在选材、热处理、加工配合精度等方面比普通机械零件有更高的加工要求。这为传统的切削加工方法带来一定的挑战，从而使电火花加工方法在模具成型零件加工中得到了普遍的应用。电火花加工技术是传统切削加工技术的重要延伸，其在模具成型零件的加工方面具有明显的技术优势。电火花加工技术是机械制造技术人才，特别是数控、模具、机械制造专业高技能人才必须掌握的一门专业技术。

本书根据课程改革及教学的实际需要，结合电切削工国家职业标准要求，贴近电加工工艺实际，以任务为引领，将电火花加工的有关技术、技能和实际操作训练贯穿于模具成型零件的加工训练中，具有较好的针对性和实用性，便于学生对电火花加工技术的学习与掌握。

本书共四章，从电火花加工技术和电加工机床的基本知识开始，以 1 个模具成型零件的电火花加工和 3 个模具成型零件的线切割加工为指引，将电火花成型加工、电火花线切割加工、线切割自动编程软件、编程控制一体化系统应用等知识和技能融于零件加工任务完成的过程之中，特别是通过电加工零件的工艺全过程展示，突出了电加工条件下零件加工工艺制定的方法，满足高技能人才的培养需求。

本书在编写过程中参考和引用了一些教材和资料的文字和插图，在此向原作者表示衷心感谢。由于编者水平有限，书中难免存在缺点和不妥之处，敬请读者批评指正。

编　者

2025 年 4 月

目　　录

第 1 章　电加工技术与设备 …………………………………………………… (001)

1.1　电火花加工的过程 …………………………………………………… (002)

1.2　电火花加工机床的型号和技术参数 ………………………………… (004)

1.3　电火花成型机床的组成 ……………………………………………… (006)

1.4　电火花线切割机床的组成 …………………………………………… (012)

1.5　电火花放电加工的原理 ……………………………………………… (017)

1.6　电火花加工常用术语 ………………………………………………… (020)

1.7　电火花加工的工艺规律 ……………………………………………… (023)

第 2 章　型腔模成型零件的电火花加工 …………………………………… (030)

2.1　电火花加工方法的选择 ……………………………………………… (032)

2.2　工具电极的设计与制造 ……………………………………………… (039)

2.3　工件的准备与装夹 …………………………………………………… (046)

2.4　工具电极的装夹与校正 ……………………………………………… (049)

2.5　工具电极的找正对刀 ………………………………………………… (053)

2.6　电火花加工过程控制 ………………………………………………… (059)

2.7　电火花加工训练 ……………………………………………………… (067)

第 3 章　冲裁模成型零件的线切割加工 …………………………………… (076)

3.1　线切割加工工艺 ……………………………………………………… (078)

3.2　线切割 3B 程序的编制 ……………………………………………… (085)

3.3　线切割 ISO 代码程序的编制 ………………………………………… (090)

3.4　线切割加工的准备工作 ……………………………………………… (093)

3.5　锥度线切割加工 ……………………………………………………… (101)

3.6　线切割加工控制 ……………………………………………………… (108)

3.7　线切割机床的安全生产与维护保养 ………………………………… (114)

第 4 章　电加工编程与控制软件应用 …………………………………… (117)

4.1　CAXA 线切割自动编程软件 ……………………………………… (119)

4.2　AutoCut 线切割编程控制系统 …………………………………… (130)

附　录 ………………………………………………………………………… (154)

附录 A　数控电火花线切割理论知识测试 ……………………………… (154)

附录 B　数控电火花成型机机床理论知识测试 ………………………… (158)

参考文献 ……………………………………………………………………… (160)

第 1 章　电加工技术与设备

1. 课程学习目标

① 了解电加工机床的分类、型号规格及技术参数，了解电加工机床型号相关的国家标准；

② 了解电火花成型机床的组成及其各部分的作用；

③ 了解电火花线切割机床的组成及其各部分的作用；

④ 现场参观，了解电火花成型机床、电火花线切割机床加工零件的过程；

⑤ 学习掌握电火花放电加工的原理；

⑥ 了解电加工机床安全、文明生产的有关规定和要求；了解设备保养的有关内容和要求；

⑦ 了解电火花加工的常用术语；

⑧ 了解电火花加工的通用工艺规范。

2. 课程学习背景

① 电加工实训室。

② 型号为 SPZ450 的电火花成型机床如图 1－1 所示。

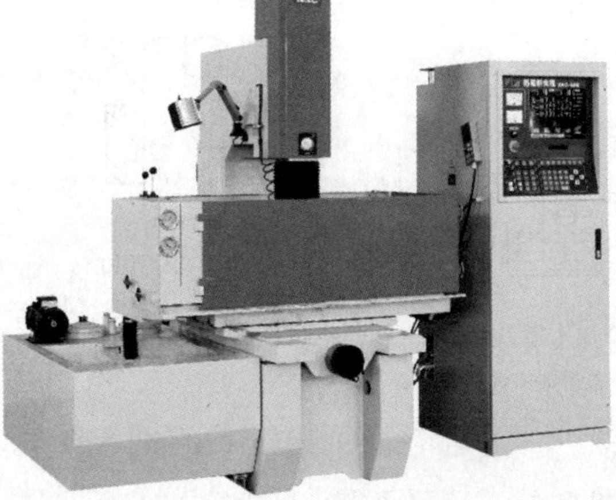

图 1－1　型号为 SPZ450 的电火花成型机床

③ 型号为 DKM132 的电火花线切割机床如图 1－2 所示。

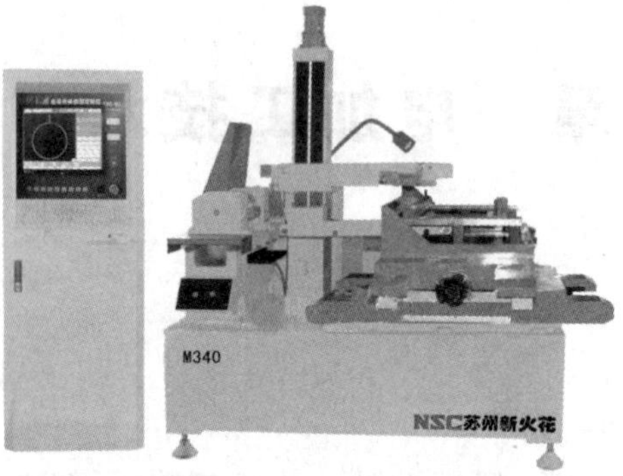

图 1－2　型号为 DKM132 的电火花线切割机床

④ 电火花成型、线切割机床的操作说明书。

1.1　电火花加工的过程

电火花加工是利用电能和热能进行材料去除的特种加工方法。常用的电火花加工方法有电火花成型加工和电火花线切割加工两种。

1.1.1　电火花成型加工

1. 电火花成型加工的过程

电火花成型加工的系统组成如图 1－3 所示；电火花成型加工方法如图 1－4 所示。

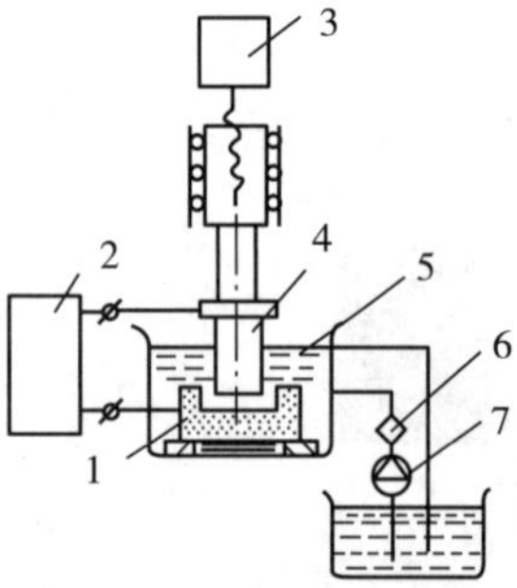

图 1－3　电火花成型加工系统组成

1—工件；2—脉冲电源；3—自动进给调节系统；4—工具；5—工作液；6—过滤器；7—工作液泵

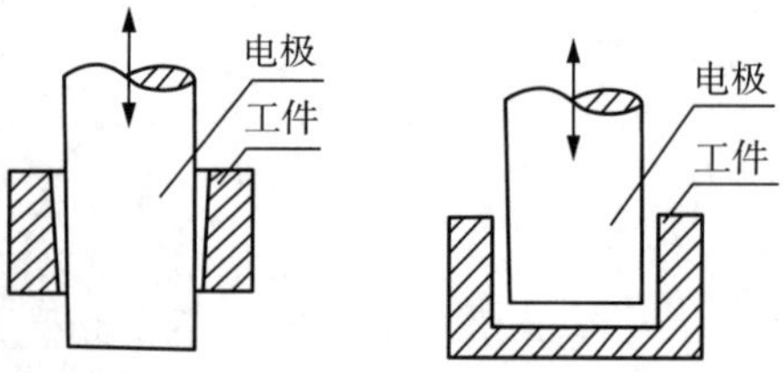

（a）电火花穿孔加工　（b）电火花型腔加工

图 1－4　电火花成型加工方法

2. 电火花成型加工的特点

① 适用于难切削材料的加工。加工中材料的去除是靠火花放电的瞬时高温作用实现，

其材料的可加工性主要取决于材料的导电性及热力学特性，几乎与其强度、硬度无关。

② 可以加工特殊及复杂形状的零件。由于加工中工具电极与工件不直接接触，没有机械切削力，也没有因力的作用所引起的一系列工艺与设备问题，因此特别适合加工复杂表面形状的工件，如复杂模具型腔等。数控技术的采用使得用简单的电极（指状电极）加工复杂成型表面成为可能。

③ 易于实现加工过程自动化。直接利用电能加工，电参数易于检测与控制。

④ 改善零部件的结构工艺性。可以将切削加工下的零部件镶拼结构改为整体结构，减少零部件的体积和重量、简化结构形状、提高强度和工作可靠性。

⑤ 需要成型的工具电极。电火花成型加工是一种复制加工方式，需要根据工件加工的精度要求设计与制造成型的工具电极。

⑥ 一般只用于加工金属等导电材料。其不能像切削加工那样加工塑料、有机玻璃等绝缘的非导电材料，但随着电加工技术的发展，在一定条件下可实现对半导体、聚晶金刚石等非导体超硬材料的加工。

⑦ 加工速度一般较慢。电火花加工一般作为零件加工的精加工工序，通常在安排工艺时采用切削加工来去除零件加工部位的大部分余量，以提高生产率。

⑧ 存在电极损耗和最小角部半径限制。

1.1.2　电火花线切割加工

1. 电火花线切割加工的过程

电火花线切割加工的原理及工艺系统组成如图 1－5 所示。

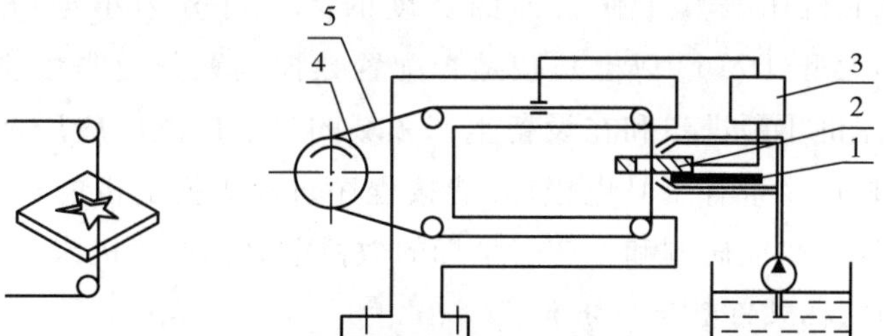

图 1－5　电火花线切割加工原理及工艺系统组成

1—绝缘底板；2—工件；3—脉冲电源；4—滚丝筒；5—电极丝

2. 电火花线切割加工的特点

电火花线切割加工零件的形状和尺寸由数控装置控制实现，对零件的放电加工由线状电极实现。加工的特点如下。

① 不需要专用的成型电极。节省成型电极的设计制造费用，生产准备时间短、工件的预加工量小，加工工艺简单。

② 分离加工方式。加工电流较小，加工精度和生产效率高；电极直径小，方便加工复杂截面的型柱、型孔、窄槽、细缝。

③ 电极长度大。单位长度的电极损耗小，易于保证加工的精度，慢走丝线切割的电极损耗对加工精度无影响。

④ 余料可利用。能有效节约贵重金属，提高材料的利用率。

⑤ 水基工作液。加工过程安全性高，不易发生火灾；可以实现无人值守。

⑥ 加工的自动化程度高，操作方便，生产成本低。

⑦ 内拐角处存在最小圆角半径限制。最小圆角半径为电极丝的直径加上电火花的放电间隙。

1.2 电火花加工机床的型号和技术参数

1. 电火花成型机床的型号和分类

我国机床型号的编制是根据 JB/T 15375—2008《金属切削机床　型号编制方法》的规定进行的，机床型号由汉语拼音字母和阿拉伯数字组成，表示机床的类别、特性和基本参数。

我国国标规定，电火花成型机床均用 D71 加上机床工作台面宽度的 1/10 表示。

例如，在电火花机床型号 D7132 中，“D71”表示电火花成型机床，“32”表示机床工作台面的宽度为 320 mm。

若电加工机床为数控电加工机床，则用“DK”表示。

电火花成型加工机床按其工作台面的宽度的大小可分为小型(D7125 以下)、中型(D7125～D7163)和大型(D7163 以上)；按是否配置数控装置分为非数控、单轴数控和三轴数控。随着数控技术的不断进步和在设备生产领域的日益广泛的应用，国外已经大批生产三坐标数控电火花机床及带有工具电极库、能按程序自动更换电极的电火花加工中心。我国大部分电加工机床厂也能研制和生产三坐标的数控电火花加工机床。

2. 电火花线切割机床的型号和分类

电火花线切割机床的型号与电火花成型机床类似，二者均为第 7 组的加工机床(电火花加工机床)。例如，型号为 DK7725 的线切割机床各字段的含义如图 1-6 所示。

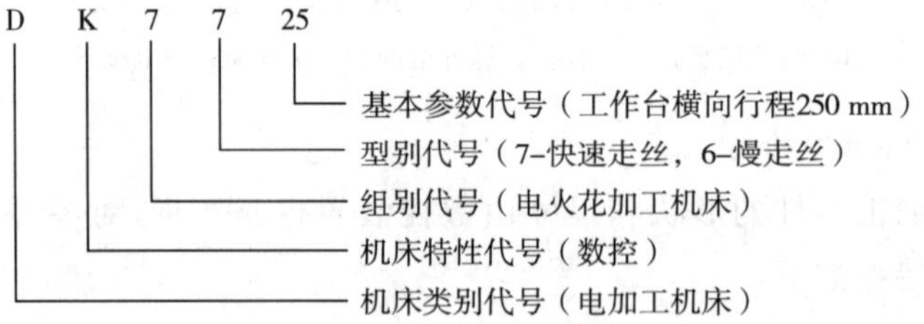

图 1-6　型号为 DK7725 的线切割机床各字段的含义

目前，电火花线切割机床几乎均为计算机数字程序数控方式，按脉冲电源形式可分为晶体管脉冲电源、功率模块脉冲电源、分组脉冲电源及自适应控制电源线切割机床等；按加工特点分为大、中、小型及普通直壁切割型与锥度切割型线切割机床等；按走丝速度分为快速走丝线切割机床[WEDM－HS，部分快走丝线切割机床有可调的低速走丝档，常称为中走丝线切割机床(WEDM－MS)]和慢速走丝线切割机床(WDEM－LS)，如 DK7625E 即为慢走丝线切割加工机床。

3. 电火花成型机床和数控线电火花切割机床的主要技术参数

电火花成型机床的主要型号及技术参数见表 1－1 所列。

表 1－1　电火花成型机床的主要型号及技术参数

机床型号	D7120	D7125	D7132	D7140	D7150	D7163	D7180	D71100
工作台面积/mm	200×320	250×400	320×500	400×630	500×800	630×1000	800×1250	1000×1600
工作台行程/mm	200×160		320×250		500×400		800×630	
主轴联接板至工作台面最大距离/mm	300	400	500	600	700	800	900	1000
最大承载质量/Kg	50	100	200	400	800	1500	3000	6000
主轴伺服行程/mm	80	100	125	150	180	200	250	300
主轴滑座行程/mm	150	200	250	300	350	400	450	500
电极最大荷重/Kg	25		100		200		500	
工作液槽容积/L	24	50	100	200	400	620	1600	3200
加工速度/mm^3/min	各厂家生产的机床最大加工效率有所不同，在 200～1600							
电极损耗/%	0.05～0.3							
加工表面粗糙度 Ra/μm	1.0～0.05							
控制方式	有非数控、单轴数控和三轴数控方式，数控方式在其型号 D 后加 K							

数控电火花线切割机床的主要技术参数包括工作台行程(纵向行程和横向行程)、最大切割厚度、加工表面粗糙度、加工精度、切割速度及数控系统的控制方式等。DK77 系列数控电火花线切割机床的主要型号及技术参数见表 1－2 所列。

表 1－2　DK77 系列数控电火花线切割机床的主要型号及技术参数

机床型号	DK7716	DK7720	DK7725	DK7732	DK740	DK7750	DK7763	DK77120
工作台行程/mm	200×160	250×200	320×250	500×320	500×400	800×500	800×600	2000×1200
最大切割厚度/mm	100	200	140	300(可调)	400(可调)	300	150	500(可调)
加工表面粗糙度 Ra/μm	2.5	2.5	2.5	2.5	6.3～3.2	2.5	2.5	

（续表）

机床型号	DK7716	DK7720	DK7725	DK7732	DK740	DK7750	DK7763	DK77120
加工精度/mm	0.01	0.015	0.012	0.015	0.025	0.01	0.02	
切割速度/mm^2/min	70	80	80	100	120	120	120	
加工锥度	3°～60°，各厂家的型号不同							
控制方式	各种型号均有单板机（或单片机）或微机控制							
各厂家生产的机床其切割速度有所不同								

1.3 电火花成型机床的组成

电火花成型加工机床主要由机床本体及相关机床附件、脉冲电源、自动进给调节系统、工作液循环过滤系统等部分组成；数控电火花机床还带有数控系统。电火花成型加工机床组成如图 1-7 所示。

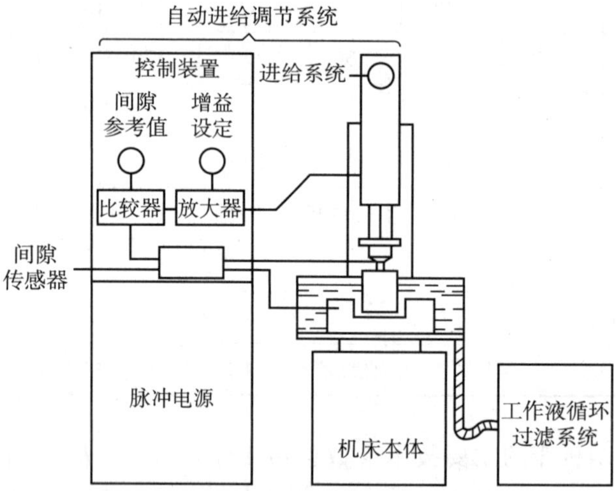

图 1-7 电火花成型加工机床组成

1. 机床本体

机床本体主要由床身、立柱、主轴头、工作台等部分组成，是用以实现工件和工具电极的装夹、固定及相对运动的机械系统。电火花成型机床的传动系统如图 1-8 所示。

(1)工作台的纵横向移动

工作台的纵横向移动是用于工件的安装和调整的。通过工作台的移动，可使固定在工作台上的工件调整到与主轴头的相对位置，保证加工表面的位置尺寸。

工作台纵横移动前应先松开锁紧手柄，再分别转动工作台上的手柄，通过纵横向丝杆及与之相啮合的丝杆、螺母实现纵横向拖板移动。丝杆螺距为 5 mm，刻度盘圆周为 100 等分，因此每转动一格刻度，拖板移动 0.05 mm。

(2)主轴头座的升降

主轴头的升降可以采用机动的方式调节电极与工件之间的上下距离。电机通过传动丝杆螺母，带动主轴头座上下移动，极限行程由限位开关控制，主轴头座锁紧由弹簧来实现。主轴头座上下移动时要通过液压电磁阀，向松压油缸注液，完成压缩弹簧、松开锁紧压板的动作后才能启动电机转动(机床内部电液锁联，机床使用时不需另外进行松开压板的操作)。

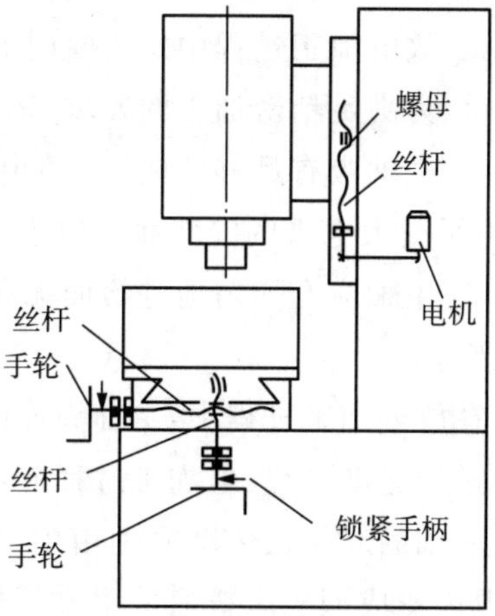

图 1-8　电火花成型机床的传动系统

(3)主轴头

主轴头是电火花成型机床的关键部件，其结构与传动原理如图 1-9 所示。主轴头需满足以下几点要求。

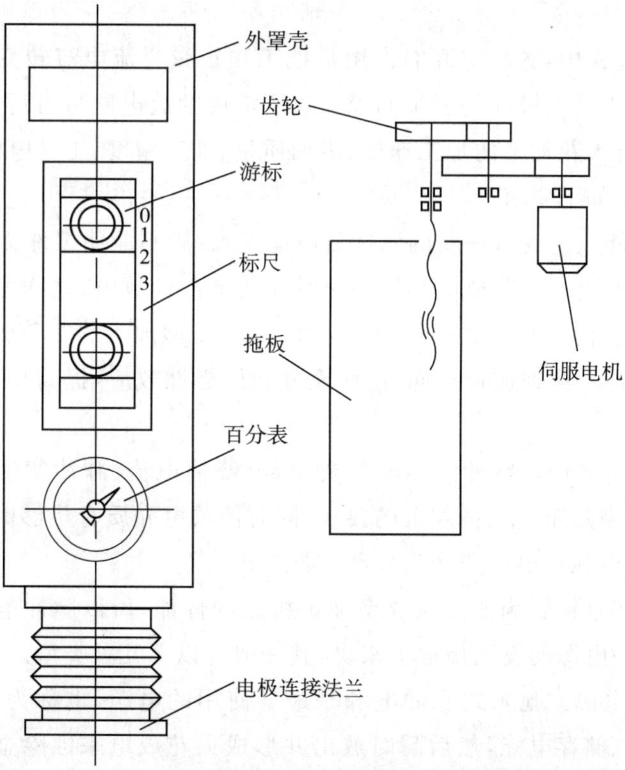

图 1-9　主轴头的结构及传动原理

① 保证加工稳定，维持最佳放电间隙，充分发挥脉冲电源的能力。

② 放电加工过程中发生暂时的短路或拉弧时，要求主轴能迅速抬起使电弧中断。

③ 为满足精密加工的要求，需保证主轴移动的直线性。

④ 主轴应有足够的刚度，使电极上不均匀分布的工作液喷射力所形成的侧面位移最小；可承受大电极的安装而不致损坏主轴的防扭机构。

⑤ 主轴应有均匀地进给而无爬行，在侧向力和偏载力的作用下仍应保持原有的精度和灵敏度。

在放电加工过程中，主轴头连同安装在它上面的工具电极，在机床伺服系统的驱动下作伺服进给运动，使放电加工过程能够连续、稳定地进行。

主轴的结构及传动原理由电火花成型机床所采用的自动进给调节系统类型决定。目前，电火花成型机床普遍采用电气伺服进给调节系统来实现加工进给控制。主轴采用直线循环滚珠导轨，由直流伺服电机通过两对齿轮传动滚珠丝杆，带动主轴拖板作上下移动。同时，直流伺服电机本身具有刹车装置（内装式），以防止主轴部分在重力的作用下向下滑落。在主轴头外罩壳的前面装有标尺，可以粗略定位，且下面有百分表，可粗略查看加工深度。在主轴面板前面有 2 个游标，上面一个是固定的，能随着主轴上下移动；下面一个可调整位置，用手松开锁紧螺纹，即可上下移动到任一位置。工具电极通过夹具安装在电极连接法兰上。

2. 脉冲电源

在电火花加工过程中，脉冲电源的作用是把工频正弦交流电流转变成频率较高的单向脉冲电流，向工件和工具电极间的加工间隙提供所需要的放电能量，以蚀除金属。脉冲电源的性能直接关系到电火花加工的加工速度、表面质量、加工精度、工具电极损耗等工艺指标。

脉冲电源应满足如下要求。

① 足够的放电能量。要有一定的脉冲放电能量，否则不能使工件金属熔化、气化。

② 短时间脉冲放电。火花放电必须是短时间的脉冲性放电，这样才能使放电产生的热量来不及扩散到其他部分，从而有效地蚀除金属，提高成型加工效率和加工精度。

③ 单向直流脉冲。脉冲波形单向，以便充分利用极性效应，提高加工速度、降低工具电极损耗。

④ 脉冲参数调节方便。脉冲波形的主要参数（峰值电流、脉冲宽度、脉冲间隔等）应有较宽的调节范围，以满足粗、中、精加工的要求；同时使放电介质有足够时间消除电离并冲去金属颗粒，以免引起电弧放电而烧伤工件和工具电极。

脉冲电源的好坏直接影响电火花成型加工机床的性能，所以脉冲电源仍在不断研发与创新完善中。从脉冲电源的发展历程上来讲，其一般有以下几种类型。

① 弛张式脉冲电源。弛张式脉冲电源是最早使用的电源，也称为 RC 线路脉冲电源。它先利用电容器充电储存电能，然后瞬时放出并形成火花放电来蚀除金属。因为电容器时而充电、时而放电，一弛一张，故称“弛张式”脉冲电源。弛张式脉冲电源如图 1-10 所示。

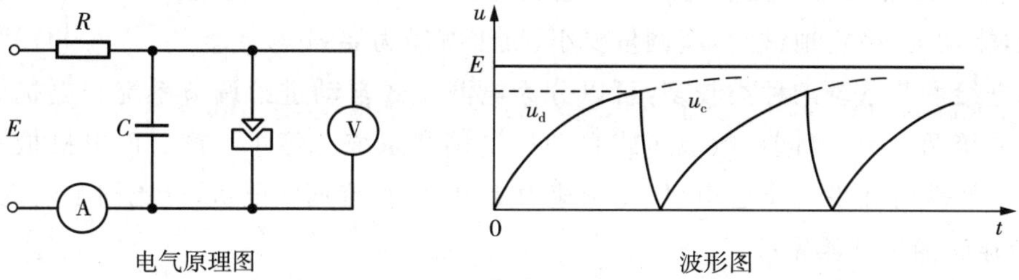

图 1-10　弛张式脉冲电源

由于这种电源依靠电极和工件间隙中工作液的击穿作用来恢复绝缘和切断脉冲电流，因此间隙大小、电蚀产物的排出情况等均会影响脉冲参数，导致脉冲参数不稳定，所以这种电源又称为非独立式电源。

② 闸流管脉冲电源。闸流管是一种比较特殊的电子管，脉冲宽度较窄，脉冲电流小、能耗大，20 世纪 80 年代起已被晶体管、晶闸管式脉冲电源所取代。

③ 晶体管脉冲电源。晶体管脉冲电源是以晶体元件作为开关元件、用途广泛的电火花脉冲电源。其输出功率大、电规准调节范围广、电极损耗小，故适用于型孔、型腔、电火花磨削等各种不同用途的电火花加工。晶体管脉冲电源已广泛地应用于电火花加工机床，特别是新型功率电子器件的发展，如 VMOS 模块、IGBT 模块在高频脉冲电源中的应用，使得脉冲电源向结构简单、体积小、功耗低的方向不断完善。

目前，普及型电火花成型加工机床较多采用高低压复合的晶体管脉冲电源，中、高档电火花加工机床可以采用微机数字控制的脉冲电源，而且内部存有电火花加工规准的数据库，可以通过数控指令调用各档粗、中、精加工规准参数。例如，汉川机床厂、日本沙迪克公司的电火花加工机床，其加工规准用 C 代码来表示和调用(具体将在第二章介绍)。

3. *自动进给调节系统*

在电火花成型加工中，电极与工件必须保持一定的放电间隙。由于工件不断被蚀除，电极也不断地损耗，故放电间隙将不断扩大。如果电极不及时进给补偿，放电过程会因间隙过大而停止；反之，间隙过小又会引起拉弧烧伤或短路。这时电极必须迅速离开工件，待短路消除后再重新调节到适宜的放电间隙。

在电火花成型加工设备中，自动进给调节系统占有极为重要的位置。它的性能直接影响加工稳定性和加工效果。

对自动进给调节系统一般有如下要求。

① 有较广的速度调节跟踪范围。在电火花加工过程中，加工规准、加工面积等条件的变化都会造成进给速度的变化，伺服进给系统应有较宽的速度调节范围，以适应各种加工的需要。

② 有足够的灵敏度和快速性。放电加工的频率很高，放电间隙的状态瞬息万变，要求伺服进给系统根据间隙状态的细微变化能相应地快速调节。为此，整个系统的不灵敏区、可动部分的惯性要小，响应速度要快。

③ 有较高的稳定性和抗干扰能力。电蚀速度一般不高，所以伺服进给系统应有较好的低速性能，能均匀、稳定地进给，超调量要小，抗干扰能力要强。

自动进给调节系统的种类较多，可以分为电液压式自动进给调节系统和电机械式自动进给调节系统两大类。目前，电液压式自动进给调节系统已停止生产。而电机械式自动进给调节系统按执行元件有步进电机、宽调速力矩电机、直流伺服电机、交流伺服电机等形式。

4. 工作液循环过滤系统

当前，我国电火花成型加工一般使用煤油作工作液。工作液的强迫循环过滤由工作液循环过滤系统来完成。该系统包括工作液泵、容器、过滤器及管道等，使工作液强迫循环。工作液循环过滤系统油路如图 1-11 所示。它既能实现冲油，又能实现抽油。其工作过程：储油箱内的工作液首先经过粗过滤器，经单向阀吸入油泵，这时高压油经过不同形式的精过滤器输向机床工作液槽，溢流安全阀使控制系统的压力不超过 400 kPa，补油阀为快速进油用。待油注满，可及时调节冲油选择阀，由压力调节阀来控制工作液循环方式及压力。当冲油选择阀在冲油位置时，补油、冲油都不通，这时油杯中油的压力由阀控制；当阀在抽油位置时，补油和抽油两路都通，这时压力工作液穿过射流抽吸管，利用流体速度产生负压，实现抽油的目的。

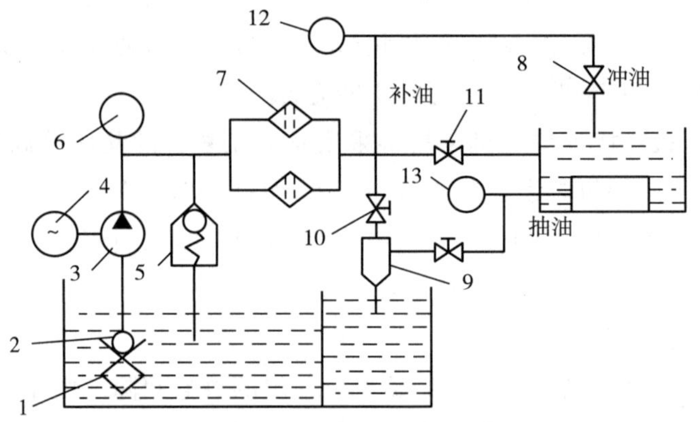

图 1-11　工作液循环过滤系统油路

1—粗过滤器；2—单向阀；3—油泵；4—电机；5—溢流安全阀；6—压力表；7—精过滤器；8—压力调节阀；9—射流抽吸管；10—冲油选择阀；11—快速进油控制阀；12—冲油压力表；13—抽油压力表

5. 电火花成型加工机床的附件

电火花成型加工机床常用的附件有带垂直和水平转角调节装置的电极夹头、平动头、油杯等。在此简单介绍平动头和油杯。

(1)平动头

电火花加工时，粗加工的电火花放电间隙比中加工的放电间隙要大，而中加工的电火花放电间隙比精加工的放电间隙又要大一些。当用一个电极进行粗加工时，将工件的大部分余量蚀除掉后，其底面和四周侧壁的表面粗糙度很差，若要将其修光，就需转换规准逐档进行修整。但由于中、精加工规准的放电间隙比粗加工规准的放电间隙小，若不采取措施则四周侧壁将无法修光。平动头就是为解决侧壁修光和提高其尺寸精度而设计的。

平动头是一个使装在其上的电极能产生平面圆周运动的工艺附件。通过该运动，增加了电极的实际作用尺寸。它在电火花成型加工采用单电极加工型腔时，可以补偿上一个加工规准和下一个加工规准之间放电间隙的差和表面粗糙度之差。平动加工时电极的平面圆周运动如图 1－12 所示。

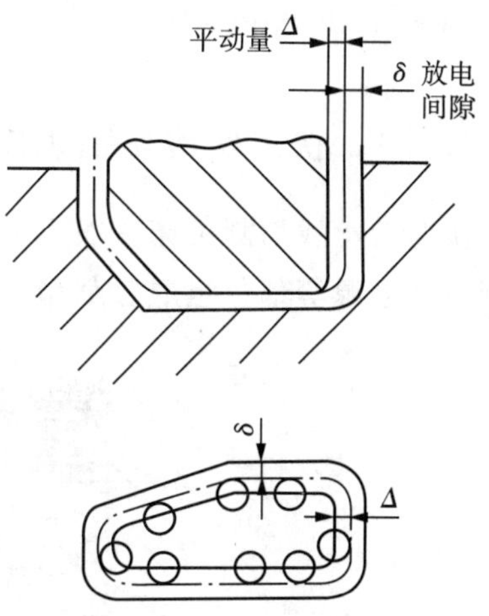

图 1－12　平动加工时电极的平面圆周运动

与一般电火花加工工艺相比较，采用平动头电火花加工有如下特点。

① 可以通过改变轨迹半径来调整电极的实际作用尺寸，因此加工尺寸不再受放电间隙的限制。

② 用同一尺寸的工具电极，通过改变轨迹半径，可以实现转换电规准的修整，即采用一个电极就能由粗至精直接加工出一副型腔。

③ 在加工过程中，工具电极与工件的相对运动，除了电极处于放电区域的部分外，工具电极与工件的间隙均大于放电间隙，实际上减小了同时放电的面积，这有利于排除电蚀产物、提高加工稳定性。

④ 工具电极运动方式的改变，可使加工中工件的表面粗糙度大有改善，特别是底面部位。

平动头有机械式平动头和数控平动头，都能够根据加工要求调节圆周运动的半径以满足不同的平动量需求，可从市场订购。此外，对具有 X、Y、Z 轴数控的电火花成型加工机床，可利用其数控摇动功能实现所需的加工运动，不需额外购置平动头附件。

(2)油杯

在电火花成型加工中，油杯是一个重要的机床附件。其侧壁和底边上开有冲油和抽油孔，以实现工件冲油或工件抽油循环。油杯使用时，安装在电火花成型机床的工作台上，而工件安装在油杯上。油杯结构如图 1－13 所示。

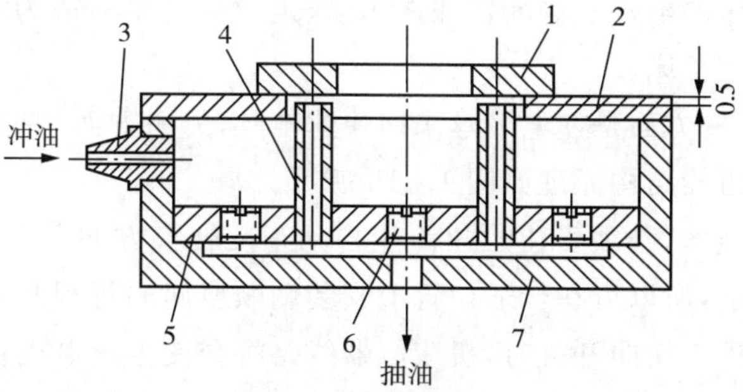

图 1－13　油杯结构

1—工件；2—油杯盖；3—管接头；4—抽气管；5—底板；6—油塞；7—油杯体

1.4 电火花线切割机床的组成

1.4.1 快走丝线切割机床的组成

快速走丝线切割机床一般由数控系统、走丝机构、丝架、十字工作台、操作面板、床身和高频脉冲电源等部分组成。某型号快走丝线切割机床的组成如图 1－14 所示。

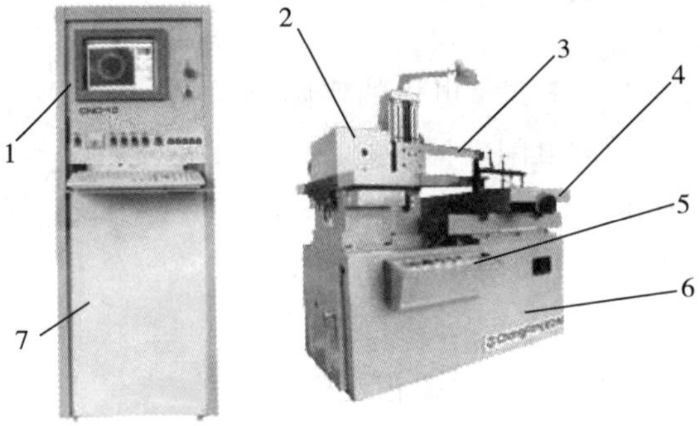

图 1－14 某型号快走丝线切割机床的组成

1—数控系统；2—走丝机构；3—丝架；4—十字工作台；5—操作面板；6—床身；7—高频脉冲电源

1. 数控系统

数控系统在线切割机床中起着重要作用，体现在以下方面。

① 轨迹控制作用。它可精确地控制电极丝相对于工件的运动轨迹，使零件获得所需的形状和尺寸。

② 加工控制。它能根据放电间隙大小与放电状态控制进给速度，使之与工件材料的蚀除速度相适应，以保持正常稳定地切割加工。

2. 走丝机构

快走丝线切割机床的电极丝作高速往复运动，走丝的速度一般为 8～10 m/s，是我国独有的电火花线切割加工机床。

走丝机构的作用，一方面是使电极丝来回快速走丝，另一方面是把电极丝整齐地来回排绕在贮丝筒上。走丝机构结构原理如图 1－15 所示。

为了循环使用电极丝，必须要让贮丝筒能自动正反转换方向。由于走丝机构同时实现贮丝筒拖板的轴向移动，所以可在合适位置上安装倒顺换向的行程开关。这样，当贮丝筒拖板往某一方向移动到压下换向开关时，机床电器线路将会使走丝电机自动反转；同时贮丝筒开始反方向走丝，贮丝筒拖板也相应地换向往回移动，直到碰到另一端的换向开关后再转换正向。如此反复，即达到循环走丝的目的。走丝换向装置如图 1－16 所示。

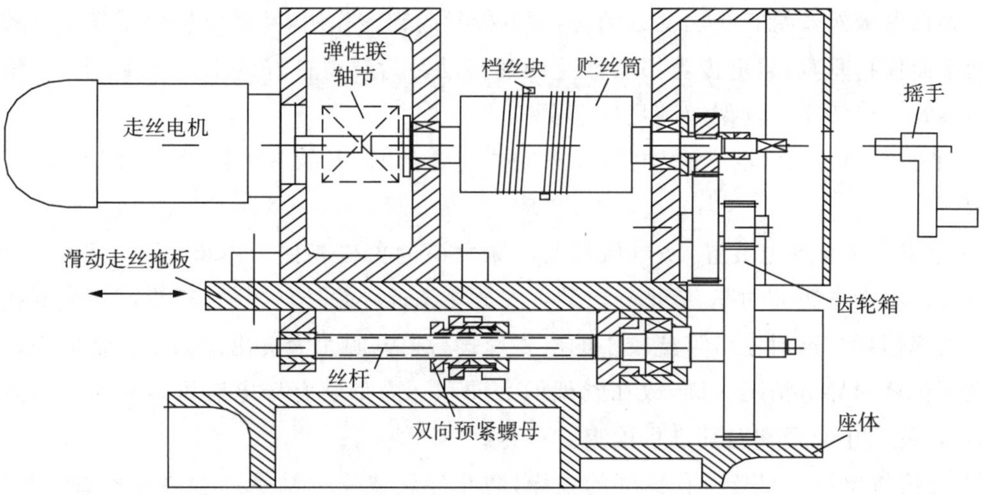

图 1-15　走丝机构结构原理

图 1-16　走丝换向装置

1—行程挡块;2—行程开关(接近开关)

图 1-16 中,走丝换向装置在床身上固定有 3 个行程开关(接触式行程开关或感应式接近开关)。其中,行程开关 2 为保险开关,在走丝电机冲过行程时起保护作用;左右 2 个行程开关为正反转换向作用。行程挡块 1 做成可调节距离的形式,以适应不同长度电极丝的要求。行程挡块 1 的位置应调节到保证换向时,贮丝筒上排丝的两端都还留有一定长度的电极丝,否则丝将被冲断。

3. 丝架

丝架在电极丝按给定线速度运动时,对电极丝起支撑作用,并使电极丝工作部分始终与工作台平面保持垂直,且电极丝不会产生明显抖动。为获得良好的工艺效果,上、下丝架之间的距离宜尽可能小。丝架应满足如下要求。

① 足够的刚度和强度,确保电极丝来回快速走丝时,丝架头部应没有向上或向下的变形现象。

② 丝架上装有导电装置,使电极丝与高频电源的负极相接。由于电极丝阻值较大,为了充分发挥高频电源的功率,应把导电装置安放在靠近导轮处,这样可减少高频电源在电极丝上的功率损耗。这对输出阻抗较小的电子管式高频电源尤为突出。为了保证电极丝在向上或向下位移时导电情况一样,故在丝架的上面和下面都装有导电装置。因为导电体是易损件,所以使用中应经常对其进行检查。

③ 导轮与丝架之间必须有良好的绝缘,防止导轮或支承轴承产生电蚀现象。此外,由于工作液喷嘴在导轮附近,容易通过高速走丝并将含电蚀产物的混合液带入轴承座内,加速轴承的磨损,因此轴承座应密封良好。对采用离心作用将液体甩出而辅助密封的机床结构,在操作时,应先开走丝电机,再开工作液泵;停机时应先关工作液泵,再关走丝电机。

④ 上、下导轮的轴线应平行,否则会导致上、下导轮单边磨损。

此外,针对不同厚度的工件,还有采用丝臂张开高度可调的分离式结构,活动丝臂在导轨上滑动,上下移动的距离由丝杠副调节:调节时松开,调节完毕后锁紧。为了适应丝架丝臂张开高度的变化,在丝架靠近贮丝筒处的上下部分应增设副导轮,并用副导轮实现排丝。可调式丝架结构示意如图 1-17 所示。

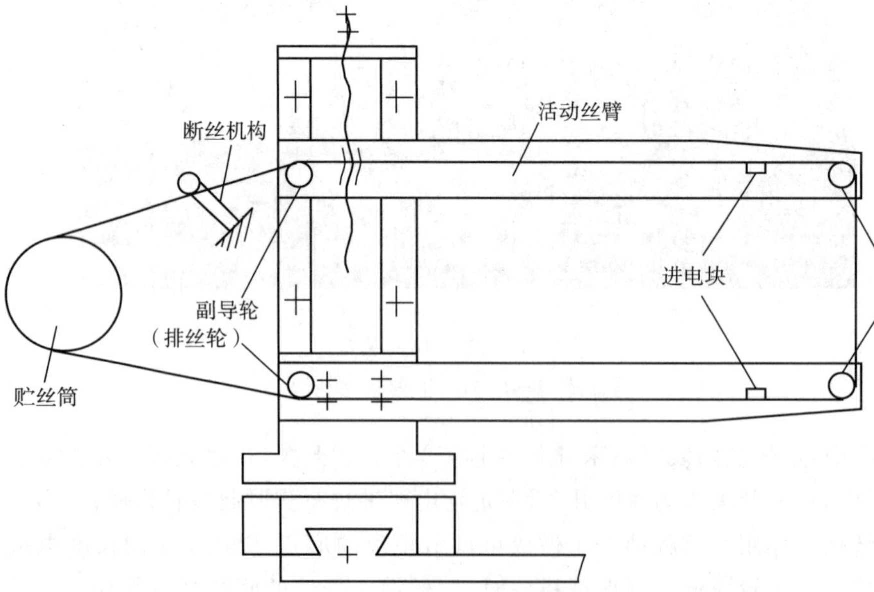

图 1-17　可调式丝架结构示意

锥度加工最常见的方法是将上丝架截为 2 段，在 2 段之间安装小行程的十字拖板，通过 2 个小步进电动机，使上丝架上的导轮作小位移的坐标移动（U、V 轴移动）。其运动轨迹由计算机控制，并使该运动与大十字工作台 X、Y 轴的运动实现联动，以实现锥度切割加工。

4. 十字工作台

电火花线切割机床的十字工作台是为了实现 X、Y 轴方向的线性运动。不论是哪种控制方式，电火花线切割机床最终都是通过十字工作台与电极丝的相对运动来完成零件加工。十字工作台应具有较高的坐标精度和运动精度，而且要求运动灵敏、轻巧，一般采用十字滑板、滚珠导轨，传动丝杠和螺母之间须消除间隙，以保证滑板的运动精度和灵敏度。

5. 操作面板

操作人员与机床进行交互的界面，可通过操作面板输入指令、设置参数、监控机床运行状态等，

6. 床身

床身用于安装固定走丝机构、丝架和十字拖板、工作液循环装置和机床电器等。床身的面板上安装有操作必须的按钮开关、旋钮和电流表等。

7. 高频脉冲电源

该电源为电火花放电加工提供能量。

1.4.2　慢走丝线切割机床的组成

慢走丝线电火花切割机床一般由机床本体、数控系统、脉冲电源和工作液循环过滤系统等部分组成。其中，数控系统一般采用闭环控制方式，具有走丝速度慢、电极丝运行平稳、运动精度高、电火花放电过程稳定、电极丝无损耗等优点。其加工性能要明显优于快走丝线切割机床。

慢走丝电火花线切割机床与快走丝电火花线切割机床的主要区别在于走丝系统和工作液循环过滤系统。

1. 走丝系统

慢走丝电火花线切割机床的电极丝呈单向运动。其电极丝为一次性使用，由新丝放丝卷筒放丝。放电过的电极丝由废丝卷筒收丝或由设备剪断后弃于废丝箱。

慢走丝线切害机床走丝系统结构如图 1－18 所示。为了减轻电极丝运行过程中的振动，应使其上、下导向器距离最小（按工件厚度调整）。导向器的作用相当于快走丝线切割机床上安装于其上、下丝臂的导轮。

导向器也称导丝咀，其结构有 2 种形式：一种是眼模导丝嘴；另一种是 V 型导丝块。

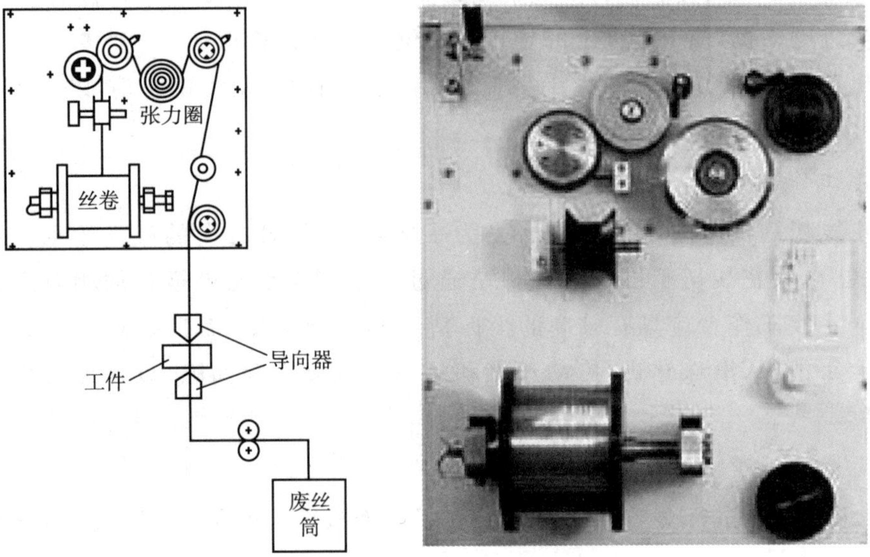

图 1-18　慢走丝线切害机床走丝系统结构

2. 工作液循环过滤系统

慢走丝线切割机床大多数采用去离子水作为工作液。为了保证工作液的电阻率和加工区的热稳定均适应高精度加工需要，配备有一套过滤、冷却和离子交换系统（如图 1-19 所示）。在较精密加工时，慢走丝电火花线切割机床可采用绝缘性能较好的煤油作为工作液。

图 1-19　离子交换系统

1.5　电火花放电加工的原理

1. 电火花放电加工原理

电火花放电加工基于电火花腐蚀原理，是在工具电极与工件电极相互靠近时，极间形成脉冲性火花放电，在电火花通道中产生瞬时高温，使金属局部熔化、甚至气化，从而蚀除金属。那么两个电极表面的金属材料是如何被蚀除的呢？

电火花放电加工原理如图 1-20 所示。其放电过程大致分为 4 个阶段。

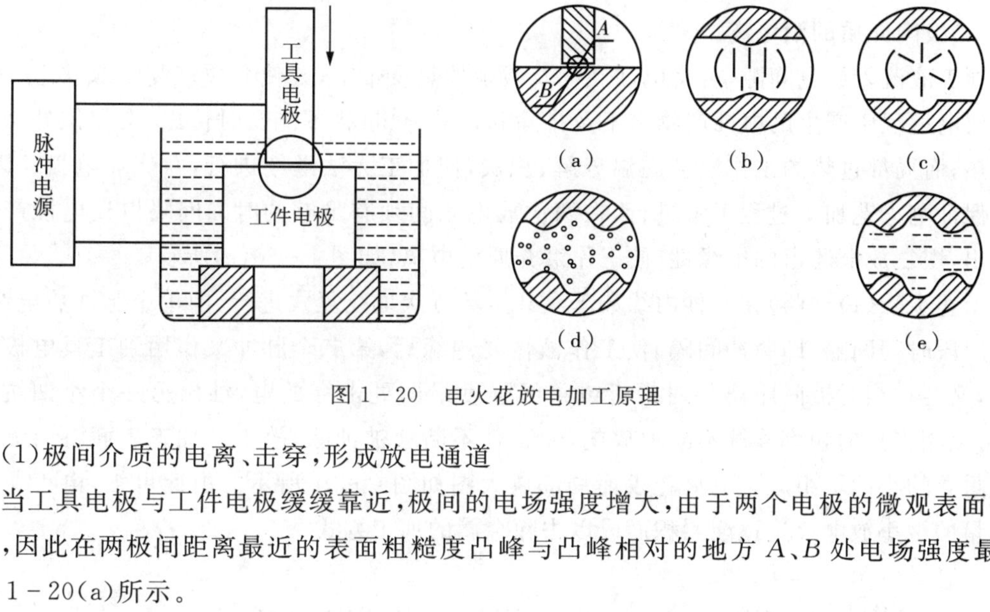

图 1-20　电火花放电加工原理

(1)极间介质的电离、击穿，形成放电通道

当工具电极与工件电极缓缓靠近，极间的电场强度增大，由于两个电极的微观表面凹凸不平，因此在两极间距离最近的表面粗糙度凸峰与凸峰相对的地方 A、B 处电场强度最大，如图 1-20(a)所示。

工具电极与工件电极之间充满着液体介质，液体介质中不可避免地含有杂质及自由电子。它们在强大的电场作用下，形成了带负电和带正电的粒子，且电场强度越大，带电粒子就越多，最终导致液体介质电离、击穿，形成火花放电通道，如图 1-20(b)所示。

从电离开始到建立放电通道的过程非常迅速，一般为 10^{-7}～10^{-8} s，间隙电阻从绝缘状况迅速降低到几分之一欧姆，间隙电流急剧增加，脉冲电压由空载电压降到工作电压(一般为 20～25 V)。

放电通道是由大量高速运动的带正电和带负电的粒子及中性粒子组成。

(2)电极材料的熔化、气化热膨胀

液体介质被电离、击穿，形成放电通道后，通道间带负电的粒子奔向正极，带正电的粒子奔向负极，粒子间相互撞击，产生大量的热能，使通道瞬间达到极高的温度。

由于通道截面较小，通道内因高温热膨胀形成的压力高达几万 Pa，高温高压的放电通道急速扩展，直至产生强烈的冲击波向四周传播。在放电的同时还伴随着光效应和声效应，这就形成了肉眼所能看到的电火花。

通道高温首先使工作液汽化，进而气化，然后高温向四周扩散，使两个电极表面的金属材料开始熔化直至沸腾气化，如图 1 - 20(c)所示；气化后的工作液和金属蒸气瞬间猛增体积，形成了爆炸的特性。所以在观察电火花加工时，可以看到工件与工具电极间有冒烟现象，并听到轻微的爆炸声。

(3)电极材料的抛出

正负电极间产生的电火花现象使放电通道产生高温高压。通道中心的压力最高，工作液和金属气化后不断向外膨胀，形成内外瞬间压力差，高压力处的熔融金属液体和蒸气被排挤，抛出放电通道，大部分被抛入到工作液中，如图 1 - 20(d)所示。仔细观察电火花加工，可以看到橘红色的火花四溅，这就是被抛出的高温金属熔滴和碎屑。

(4)极间介质的消电离

加工液流入放电间隙，可将电蚀产物及残余的热量带走，并使介质恢复绝缘状态。若电火花放电过程中产生的电蚀产物来不及排除和扩散，热量将不能及时传出，会使该处介质局部过热；而局部过热的工作液会高温分解、积炭，使加工无法继续进行，并烧坏电极。因此，为了保证电火花加工过程正常进行，在两次放电之间须有足够的时间间隔以让电蚀产物充分排出，恢复放电通道的绝缘性，使工作液介质消电离，如图 1 - 20(e)所示。

上述步骤(1)～(4)在一秒内约数千次甚至数万次地往复式进行，即单个脉冲放电结束，经过一段时间间隔(即脉冲间隔)使工作液恢复绝缘后，第二个脉冲又作用到工具电极和工件上，又会在当时极间距离相对最近或绝缘强度最弱处击穿放电，蚀出另一个小凹坑。这样，可以相当高的频率连续不断地放电，使工件不断地被蚀除，故工件加工表面将由无数个相互重叠的小凹坑组成。电火花表面局部放大图如图 1 - 21 所示。由此可知，电火花加工是大量的微小放电痕迹逐渐累积而成以去除金属的加工方式。

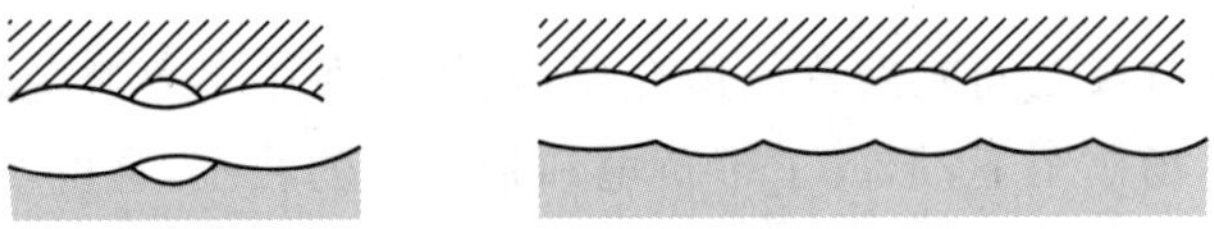

(a) 单脉冲放电凹坑　　(b) 多脉冲放电凹坑

图 1 - 21　电火花表面局部放大图

关于火花放电的说明：

① 同时有无数个放电通道在放电；

② 放电瞬时完成；

③ 放电有自动均匀化作用；

④ 放电过程高频率且连续进行。

实际上，电火花加工的过程远比上述复杂，它是电力、磁力、热力、流体动力、电化学等综合作用的结果。到目前为止，人们对电火花加工过程的了解仍不充分，还需要进一步研究。

2. 火花放电用于尺寸加工的条件

要使火花放电产生的电腐蚀作用能以一定的加工速度及加工精度来实现零件的加工，需满足以下几个条件。

① 工具电极与工件之间保持合适的放电间隙。这一放电间隙随火花放电的加工条件而定，通常约在几个到几百微米，间隙过大，极间电压不能击穿极间介质，因而不能产生火花放电；间隙过小，很容易形成电弧放电甚至短路。为此，电火花加工过程中不应有工具电极的自动进给和调节装置。

② 火花放电应为瞬时性脉冲放电。这样既能使放电产生的热量来不及传导扩散到材料的其余部分，把每一次的放电部位局限在相当小的区间；同时又能避免产生持续的电弧放电，造成工件的熔化或烧伤，影响工件加工的尺寸精度。为此，电火花加工的电源必须是高频直流脉冲电源。

③ 液体介质。火花放电应在具有一定绝缘性能的液体介质中进行，以有利于产生脉冲性的火花放电；同时，液体介质还能把电火花加工过程中产生的金属微粒、碳黑等电蚀产物从放电间隙中悬浮排除。

3. 液体介质的作用

从上述放电加工过程中可知，液体介质有如下作用。

① 绝缘作用：电极对之间必须有绝缘介质（至少应具有一定的绝缘电阻），才能产生火花击穿和脉冲放电的高能状态，而工作液应容易在较小的电极间隙下击穿。

② 压缩放电通道的作用：工作液有助于压缩放电通道，使通道能量更加集中，不仅能提高加工精度，而且也能提高电蚀能力。

③ 高压作用：在脉冲放电作用下，由于工作液的急剧蒸发和惯性作用，产生了局部高压，既有利于把熔化的金属微粒从加工区域中排除，防止两个电极金属相互迁移；还可强迫循环把溶解在液体金属中的气态电蚀产物重新分解，进而使一部分熔化态的金属被抛离出来。

④ 冷却作用：工作液可以冷却受热的电极，防止放电产生的热量扩散到不必要的地方去，有助于保证表面质量和提高电蚀能力。

⑤ 消电离作用：工作液有助于减少放电后所残留的离子、避免弧光放电而烧蚀工具电极。

电火花加工对工作液的基本要求是有良好的工艺性、化学稳定性，使用可靠安全。选用时应根据实际加工的不同要求，兼顾工作液介质的电特性（如绝缘强度、离化性能）、物理特性（如热传导、比热、燃点、沸点、动粘度等）和化学特性（如化学稳定性、毒害性和过敏性等）。一般说来，介电性能好、密度和粘度大的工作液有利于压缩放电通道、提高放电的能量密度、强化电蚀产物的抛出效应；但粘度大不利于电蚀产物的排出，影响正常放电。目前主要选用的工作液有油类（如煤油、锭子油或它们的混合油等）、水质类（如去离子水、蒸馏水、皂化油水溶液）等。

电火花成型加工机床一般采用煤油、机油等工作液。粗加工时采用的脉冲能量大、加工间隙也较大、爆炸排屑能力强，可选粘度大的机油(其燃点高，大能量加工时着火的可能性小)；而在中、精加工时放电间隙小、排屑较困难，故一般均选用粘度小、流动性好、渗透性好的煤油。

电火花线切割加工时，由于电极丝细、加工面积小，对电极丝的迅速冷却作用成为主要问题，故应采用水基工作液。快走丝线切割机床采用约5%的皂化油(磺酸钡、环烷酸锌、磺化油等配制成)水溶液，慢走丝线切割机床则广泛采用去离子水。

1.6 电火花加工常用术语

电火花加工的名称术语是电加工领域的行话。下面简要介绍电火花加工中常用的主要名词术语及其符号。

1. 工具电极

电火花加工用的工具是电火花放电时的电极之一，故称为工具电极，简称电极。由于电极的材料常为铜，因此又被称为铜公(或铜攻)。

2. 放电间隙δ(mm)

放电间隙是放电时工具电极和工件间的距离，一般为0.01～0.50 mm，粗加工时间隙较大、精加工时则较小。放电间隙又可分为侧面间隙δ_L和端面间隙δ_F。δ_L和δ_F在数值上略有不同。

3. 电规准

电规准指电火花加工时所选用的一组电加工用量、电加工参数，主要由脉冲宽度、脉冲间隔、峰值电压、峰值电流等参数组成。

电规准参数的不同组合可以构成粗规准、中规准和精规准3种电规准。每一种电规准又可分为数档。粗规准、中规准、精规准对应地应用于放电加工的粗加工、过渡性的中加工和精加工。

电规准的脉冲参数在每次加工时都必须事先选定。有的机床说明书中也把电规准参数称为加工条件，并在数控程序中用C指令来指定。

4. 脉冲宽度t_i(μs)

脉冲宽度简称脉宽，常用ON、T_{ON}等符号表示，是加到电极和工件放电间隙两端的电压脉冲的持续时间。为了防止电弧烧伤，电火花加工只能使用断断续续的脉冲电压波。一般来说，电火花粗加工时可用较大的脉宽，精加工时只能用较小的脉宽(尖脉冲)。

5. 脉冲间隔t_o(μs)

脉冲间隔简称脉间或间隔(常用OFF、T_{OFF}表示)，是两个电压脉冲之间的间隔时间。间隔时间过短，放电间隙来不及消电离和恢复绝缘，容易产生电弧放电，烧伤电极和工件；间隔时间过长，将降低加工生产率。加工面积、加工深度较大时，脉间应稍大。

6. 放电时间（电流脉宽）t_e（μs）

放电时间是工作液介质击穿后放电间隙中流过放电电流的时间，也称为电流脉宽。它比电压脉宽稍小，二者相差一个击穿延时 t_d。t_i 和 t_e 对电火花加工的生产率、表面粗糙度和电极损耗有很大影响，但实际起作用的是电流脉宽 t_e。

7. 击穿延时 t_d（μs）

间隙两端加上脉冲电压后，一般均要经过一小段延迟时间 t_d，工作液介质才能被击穿放电。这一小段时间 t_d 称为击穿延时。击穿延时 t_d 与平均放电间隙的大小有关，工具电极欠进给时，平均放电间隙变大，平均击穿延时 t_d 就大；反之，工具电极过进给时，平均放电间隙变小，t_d 也就小。

8. 脉冲周期 t_p（μs）

从一个电压脉冲开始到下一个电压脉冲开始之间的时间称为脉冲周期，即 $t_p = t_i + t_o$。

9. 脉冲频率 f_p（Hz）

脉冲频率指单位时间（1 秒）内电源发出的脉冲个数。显然，它与脉冲周期 t_p 互为倒数，即

$$f_p = \frac{1}{t_p}$$

10. 脉宽系数 τ

脉宽系数是脉冲宽度 t_i 与脉冲周期 t_p 之比，其计算公式：

$$\tau = \frac{t_i}{t_p} = \frac{t_i}{t_i + t_o}$$

11. 占空比 ψ

占空比是脉冲宽度 t_i 与脉冲间隔 t_o 之比，即 $\psi = t_i / t_o$。粗加工时占空比可较大，如2∶1，精加工时占空比应较小（1∶1～1∶10），否则放电间隙来不及消电离恢复绝缘，容易引起电弧放电。

12. 开路电压或峰值电压 $\hat{u}_i$（V）

开路电压是间隙开路和间隙击穿之前 t_d 时间内电极间的最高电压。一般晶体管方波脉冲电源的峰值电压为 60～80 V，高低压复合脉冲电源的高压峰值电压为 175～300 V。峰值电压高时，放电间隙大、生产率高，但成型复制精度较差。

13. 火花维持电压（间隙电压 V）

火花维持电压也称为间隙电压，是每次电离击穿后，在放电间隙间火花放电时的维持电压，一般约为 25 V，但它实际是一个高频振荡的电压。

14. 加工电压或间隙平均电压 U（V）

加工电压也称为间隙平均电压，指火花放电加工时电压表上指示的放电间隙两端的平

均电压。它是多个开路电压、火花放电维持电压、短路和脉冲间隔等电压的平均值，与占空比、进给跟踪速度等有关。

15. 加工电流 I(A)

加工电流是加工时电流表上指示的流过放电间隙的平均电流。加工电流精加工时小，粗加工时大；间隙偏开路时小，间隙合理或偏短路时则大。

16. 短路电流 I_s(A)

短路电流是放电间隙短路时电流表上指示的平均电流。它比正常加工时的平均电流要大 20%～40%。短路电流常可作为自动进给跟踪调节的依据，一般可取加工电流为短路电流的 0.65～0.75 倍作为参考。

17. 峰值电流 $\hat{i}_e$(A)

峰值电流是间隙火花放电时脉冲电流的最大值(瞬时值)，在日本、英国、美国常用 I_p 表示。虽然峰值电流不易测量，但它是影响加工速度、表面质量等的重要参数。在设计制造脉冲电源时，每一功率放大管的峰值电流应预先计算好，选择峰值电流实际是选择投入放电加工的功率管的个数。

18. 短路峰值电流 $\hat{i}_s$(A)

短路峰值电流是间隙短路时脉冲电流的最大值，比峰值电流要大 20%～40%，与短路电流 I_s 相差一个脉宽系数的倍数。

19. 放电状态

放电状态指电火花放电间隙内每一个脉冲放电时的基本状态。一般分为开路、火花放电、短路、电弧放电、过渡电弧放电 5 种放电状态。5 种放电状态对应的脉冲电压、电流波形图如图 1-22 所示。

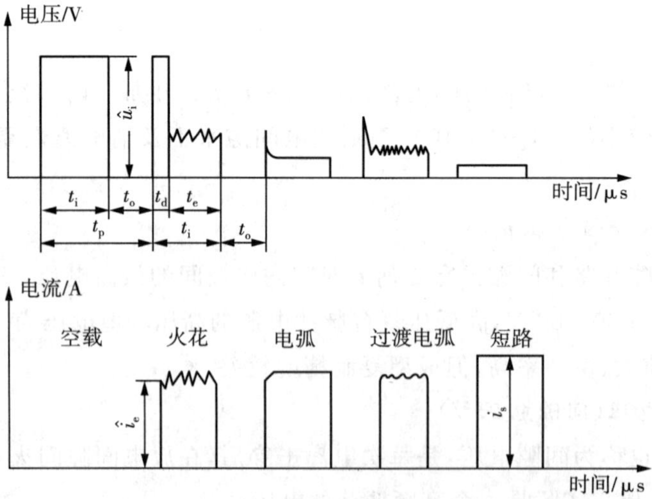

图 1-22　5 种放电状态对应的脉冲电压、电流波形图

① 开路(空载脉冲)。放电间隙未击穿,间隙上有大于 50 V 的电压,但间隙内没有电流流过,为空载状态。

② 火花放电(工作脉冲,或称有效脉冲)。间隙内绝缘性能良好,工作液介质被击穿后能有效地抛出、蚀除金属。其波形特点是电压上有 t_d、t_e和 i_e,波形上有高频振荡的小锯齿。

③ 短路(短路脉冲)。放电间隙直接短路,是由于伺服进给系统瞬时进给过多或放电间隙中有电蚀产物搭接所致。间隙短路时电流较大,但间隙两端的电压极小,没有蚀除加工作用。

④ 电弧放电(稳定电弧放电)。由于排屑不良,放电点集中在某一局部而不分散,导致局部热量积累、温度升高,如此恶性循环,此时火花放电就成为电弧放电。由于放电点固定在某一点或某一局部,因此被称为稳定电弧,常使电极表面积炭、烧伤。电弧放电的波形特点是 t_d和高频振荡的小锯齿基本消失。

⑤ 过渡电弧放电(不稳定电弧放电,或称不稳定火花放电)。过渡电弧放电是正常火花放电与稳定电弧放电的过渡状态,也是稳定电弧放电的前兆。其波形特点是击穿延时很小或接近于零,仅成为一尖刺,电压电流表上的高频分量变低或成为稀疏的锯齿形。

以上各种放电状态在实际加工中交替、概率性地出现,与加工的电规准和自动进给跟踪调节状况有关,甚至可能在一次单脉冲放电过程中,也可能交替出现两种甚至以上的放电状态。

电火花放电加工的名词术语还有很多,在此不一一介绍。

1.7　电火花加工的工艺规律

电火花加工过程中,工件和工具电极材料被放电腐蚀的规律是十分复杂的综合性问题。电火花加工过程中的极性效应、覆盖效应和电规准参数、放电间隙等因素对加工速度、电极损耗、加工精度和表面质量等工艺指标有明显的影响,研究电火花加工的工艺规律,对于提高电火花加工的生产效率、降低工具电极损耗、保证电火花加工质量、正确选择电火花加工方法和合理制定电火花加工工艺具有重要意义。

1. *极性效应和覆盖效应*

(1)极性效应

在电火花加工过程中,工件和工具电极都会受到电腐蚀,但其腐蚀速度不同(即使工件和工具电极为完全相同的材料)。这种电火花加工过程中两个电极蚀除速度不同的现象称为极性效应。若两个电极材料不同,极性效应将更加明显。

在火花放电过程中,当正极的蚀除速度大于负极时称为"正极性"。此时,应将工件接脉冲电源的正极,称之为正极性加工,如图 1－23 所示;反之,应将工件接脉冲电源的负极,称之为负极性加工,如图 1－24 所示。

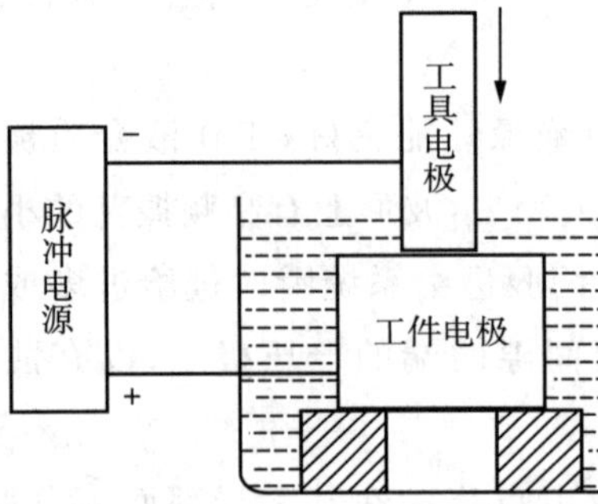

图 1 - 23　正极性加工

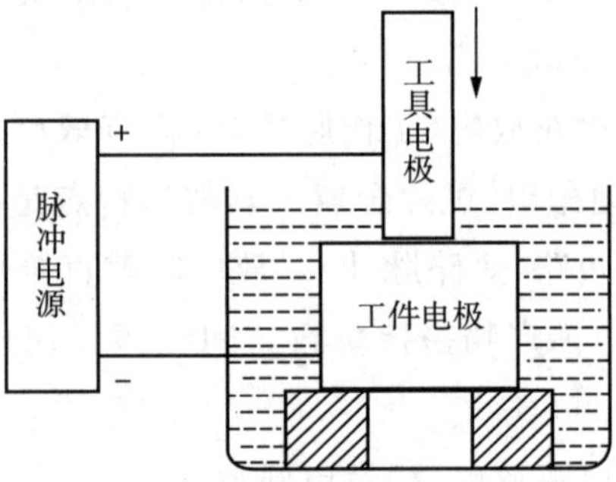

图 1 - 24　负极性加工

产生极性效应的原因很复杂。对这一问题的原则性解释是在火花放电加工过程中，正、负电极表面分别受到负电子和正离子的撞击和瞬时热源的作用，但两极表面所实际得到的作用能量不同，因而熔化、气化和抛出的金属量也不同。

当用尖脉冲(脉冲宽度一般小于 30 μs)加工时，负极的蚀除量小于正极，是因为电子的质量和惯性小，在短时间内很容易获得较大的速度奔向正极，轰击阳极表面，其电能、动能转变热能产生高温，使金属材料熔化、气化而被蚀除；而同时，正离子由于质量和惯性较大，起动速度慢，大部分来不及达到负极表面，脉冲便已结束，所以其轰击程度不如电子对阳极的轰击，故负极的蚀除量小于正极。在这种情况下加工时，工件当然应接正极。

当使用长脉冲(如脉宽为 300 μs)加工时，正离子也能获得足够的时间进行加速而达到阴极表面进行轰击，由于正离子的质量大，因而对阴极的轰击作用远远大于电子对阳极的轰击程度，所以阴极的蚀除量大于阳极的蚀除量。此时应将工件接负极进行负极性加工。

阴阳两极的蚀除量不仅与放电时间或脉冲宽度有关，而且还与电极材料及单个脉冲能量等因素有关。从提高电火花加工的生产率和减小工具电极损耗的角度来说，在火花放电加工过程中，极性效应愈显著愈好。应该充分利用极性效应，合理选择极性，选用最佳的电参数，以提高加工速度和减小电极损耗。

(2)覆盖效应

在火花放电的腐蚀过程中，一个电极的电蚀产物转移涂覆在另一个电极表面上，或油类介质分解游离出来的碳粒子涂覆到电极的表面，形成一定厚度的覆盖层。这种现象称为覆盖效应。合理利用覆盖效应，可有利于减小电极损耗。

影响覆盖效应的主要因素如下。

① 脉冲参数与波形的影响。增大脉冲放电能量有助于覆盖层的生长，但对中、精加工有相当大的局限性；减小脉冲间隔有利于在各种电规准下生成覆盖层，但若脉冲间隔过小，正常的火花放电有转变为破坏性电弧放电的危险。此外，采用某些组合脉冲波加工，有助于覆盖层的生成。其作用类似于减小脉冲间隔，并可大大减少转变为破坏性电弧放电的危险。

② 电极对材料的影响。铜加工钢时覆盖效应较明显，但铜电极加工硬质合金工件则不

大容易生成覆盖层。

③ 工作液的影响。油类工作液在放电产生的高温作用下，生成大量的碳粒子，有助于碳素层的生成。如果用水做工作液，则不会产生碳素层。

④ 工艺条件的影响。覆盖层的形成还与间隙状态有关。例如，工作液脏、电极截面面积较大、电极间隙较小、加工状态较稳定等情况均有助于生成覆盖层；但若加工中冲油压力太大，则较难生成覆盖层。这是因为冲油会使趋向电极表面的微粒运动加剧，而微粒无法粘附到电极表面。

在电火花加工中，覆盖层不断形成，又不断被破坏。为了实现电极低损耗，达到提高加工精度的目的，最好使覆盖层形成与破坏的程度达到动态平衡。

2. 加工速度

单位时间内从工件上蚀除的金属量称为电火花加工的加工速度，也称为生产率。加工速度是电火花加工机床的重要工艺指标，一般机床说明书上所标的加工速度为其在最佳状态下的最大加工速度，在加工中的实际加工速度往往大大低于标称值。

电火花成型加工的加工速度，可用单位时间内工件被蚀除的体积 V 或质量 m 来表示。一般常用体积加工速度 $v_w = V/t$ 来表示，单位为 mm^3/min。有时为了测量方便，也用质量加工速度 $v_m = m/t$ 表示，单位为 g/min。

电火花线切割加工由于具有固定的切缝宽度。其加工速度可简化为用单位时间内切割加工的断面面积来表示，单位为 mm^2/min。

加工速度的高低主要受电规准参数、电极与工件材料的热学物理常数及电蚀产物的排除效果等因素的影响。加工速度与各影响因素关系的公式：

$$\nu_w = K_Q W_n f_p \qquad \text{式(1-1)}$$

式(1-1)中，ν_w：电火花加工的加工速度(生产率，g/min)；

K_Q：与电极材料、电规准参数、工作液介质成分有关的系数；

W_n：单个脉冲的能量(J)；

f_p：高频脉冲的频率(Hz)。

从式(1-1)中可以看出，提高电火花加工的加工速度 ν_w 的途径在于增加单个放电脉冲的能量 W_n、提高脉冲的频率 f_p 及提高系数 K_Q。增加单个放电脉冲的能量 W_n 可以通过提高脉冲的电压、增大脉冲宽度和脉冲峰值电流来达到，但 W_n 的提高后会使得表面粗糙度大幅度增大。因此，只有用在粗、中规准加工时，才考虑提高加工速度的问题；对精规准加工，还是应该采用高频率、小能量的尖脉冲加工，以获得较高的加工精度。

提高脉冲放电频率 f_p，是在给定的表面粗糙度要求下提高生产率的有效途径。为此，要在给定脉冲放电能量下，通过压缩脉冲宽度和间隔时间来提高脉冲放电频率。但是，脉冲间隔时间过短，会使工作液来不及消电离恢复绝缘，导致引起连续的弧光放电，从而破坏电火花加工过程稳定。所以，减小脉冲间隔时间是受到条件限制的；应当注意选择恰当的脉冲宽度和间隔时间的比值(即占空比)。

提高系数 K_Q 可通过很多方面来实现，如合理选择电极材料、工作液及其循环方式、调整操作和控制，以改善放电加工条件。

一般地，电火花成型加工的加工速度：加工电流×（10～12）mm^3/min。电火花线切割加工的加工速度：加工电流×（25～30）mm^2/min。

在实际生产中应根据加工对象的具体要求来全面考虑，以解决加工速度、加工精度及表面质量等各项工艺指标的相互矛盾，寻求最佳的加工工艺效果。

3. 电极损耗

电极损耗是电火花加工中的重要工艺指标。在生产中，衡量工具电极是否耐损耗，不只是看工具电极损耗速度 v_E 的绝对值大小，还要看同时达到的加工速度 v_w，即工具电极的相对损耗。因此，常用相对损耗或损耗率作为衡量工具电极耐损耗的指标，即

$$\theta(\%)=\frac{v_E}{v_w}\times 100 \qquad 式(1-2)$$

式（1－2）中的加工速度和损耗速度若以 mm^3/min 为单位计算，则为体积相对损耗率 θ；若以 g/min 为单位计算，则为重量相对损耗率 θ_E；若以工具电极损耗长度与工件加工深度之比来表示，则为长度相对损耗率 θ_L。

在电火花成型加工中采用长度相对损耗比较直观，测量也较为方便，但由于电极部位不同、损耗不同，因此长度相对损耗还分为端面损耗、侧面损耗、角部损耗。在加工中，同一电极的长度相对损耗大小顺序为角部损耗＞侧面损耗＞端面损耗。电极损耗趋势如图 1－25 所示。

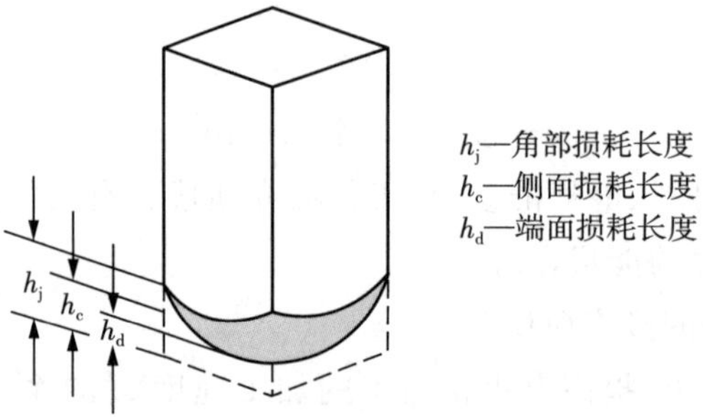

图 1－25　电极损耗趋势

一般情况下，用尖脉冲进行精加工时，电极的体积相对损耗率比较大，通常为 20%～40%，但其体积绝对损耗并不大。这是因为在精加工时电蚀的余量极小。而用宽脉冲做粗加工时，电极的相对损耗率较小，通常小于 5%。电火花加工中，电极的相对损耗率小于 1%，称为低损耗电火花加工。低损耗电火花加工能最大限度地保持加工精度，所需工具电极的数目也可减至最少，因而简化了工具电极的设计制造。

对电火花线切割加工来说，由于采用线状电极，其电极损耗的衡量标准与成型加工不同。对快走丝线切割加工，电极损耗常用电极丝切割加工 10 000 mm^2 的断面面积后电极丝

直径的减少量来表示，其损耗量一般可保持在 0.01 mm 之内。对于慢走丝线切割加工来说，由于电极丝是一次性的，故电极损耗可忽略不计。

在电火花加工中，除了充分利用火花放电的的极性效应、覆盖效应以减少电极损耗外，合理选择电极材料、加工电规准参数、加工面积、冲抽油方式及电极结构形式等，也可减少工具电极的损耗。

4. 加工精度

电火花加工的加工精度除受到加工机床本身的各种误差及工件和工具电极的安装、定位找正误差等因素影响外，还与电火花加工工艺本身的一些误差因素有关。

影响电火花加工精度的主要因素有放电间隙的大小及其一致性、工具电极的损耗及二次放电引起的加工斜度等。

(1)放电间隙

电火花加工中，工具电极与工件间存在着放电间隙，因此工件的尺寸、形状与工具电极并不一致。如果加工过程中放电间隙是常数，根据工件加工表面的尺寸、形状可以预先对工具尺寸、形状进行修正。但放电间隙是随电参数、电极材料、工作液的绝缘性能等因素变化而变化的，从而影响了加工精度。

间隙大小对形状精度也有影响。间隙越大，则复制精度越差，特别是对复杂形状的加工表面。此外，电极为尖角时，由于放电间隙的等距离，工具电极的尖角或凹角很难精确复制到工件加工表面上，工件在该部位实则为圆角。电火花加工尖角变圆如图 1－26 所示。

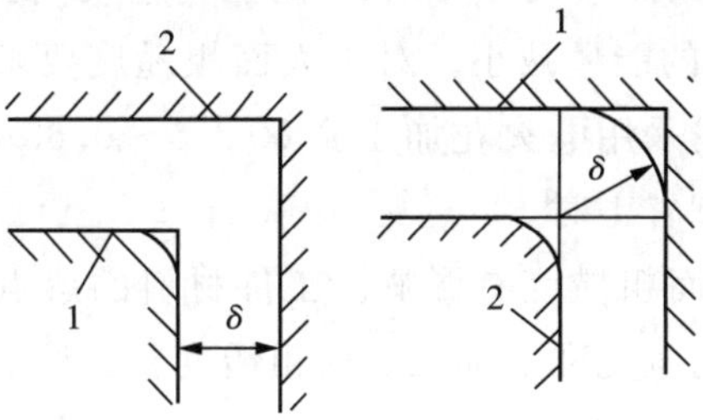

图 1－26　电火花加工尖角变圆

1－工件；2－工具电极

因此，为了减少加工尺寸误差，精加工时应该采用较弱的加工规准，缩小放电间隙，另外还必须尽可能使加工过程稳定。放电间隙在精加工时一般为 0.01mm 左右(单边)，而粗加工时可达 0.5 mm(单边)。

(2)加工斜度

电火花加工斜度如图 1－27 所示。由于工具电极下面部分累计放电时间长，绝对损耗量大，因此电极截面尺寸相对较小；同时，由于工件型腔入口处也是电蚀产

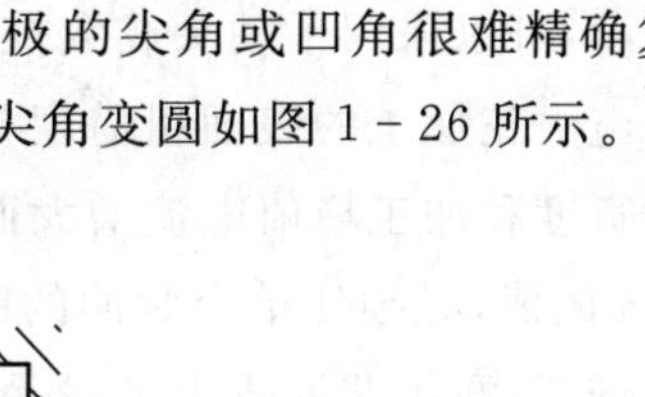

图 1－27　电火花加工斜度

1－工件；2－工具电极

物的排出通道，易发生因电蚀产物的混入而再次进行非正常放电，即“二次放电”，因而使型腔的入口处产生棱边变钝而出现加工斜度，俗称喇叭口。

电火花成型加工过程中加工斜度虽不可避免，但在加工工艺上采取一些措施可使斜度减小或利用加工斜度达到一定的工艺目的。例如，加工通孔时，将工具电极穿过工件，整个厚度达到一定的长度（穿孔加工），可基本消除加工斜度对加工精度的影响；又如，加工冲裁模具的凹模时，将凹模的刃口面朝下，可直接利用电火花加工的斜度作为凹模的漏料斜度（反打正用）。

5. *表面质量*

电火花加工的工件表面质量主要指其表面粗糙度及表面变质层。

(1)表面粗糙度

电火花加工表面和切削加工的表面不同。它是由无方向性的无数小凹坑和硬凸边所组成，特别有利于存储润滑油，而切削加工的表面则存在着切削或磨削刀痕，具有方向性。两者相比，在相同表面粗糙度和有润滑油的情况下，电火花加工表面的润滑性能和耐磨性能均比切削加工的表面要好。

电火花成型加工的表面粗糙度可以分为底面粗糙度和侧面粗糙度。同一电规准加工出的侧面粗糙度因为有二次放电的修光作用，往往要稍好于底面粗糙度。要获得更好的侧面粗糙度，可以采用平动头或数控摇动加工工艺来修光。

电火花加工的表面粗糙度与加工速度之间存在着很大的矛盾。表面粗糙度 Ra 的值随脉冲宽度和加工峰值电流增大而增大，单个脉冲的能量愈大，表面愈粗糙。要减小表面粗糙度 Ra 的值，必须使单个脉冲的能量减小。对于表面粗糙度要求过高的表面，将使加工速度较为低下，在工艺安排上可先采用电火花加工到 Ra2.5～0.63 μm，再采用其他研磨抛光的方法加工达到要求，有利于节省工时。

工件的材料也对加工表面粗糙度有影响。工件材料的熔点高（如硬质合金），单个脉冲形成的放电凹坑较小，在相同电规准下加工表面粗糙度要比熔点低的材料（如钢）好，当然加工速度会相应地下降。

精加工时，工具电极的表面粗糙度会影响工件的加工表面粗糙度。石墨电极很难加工出非常光滑的表面。与紫铜电极相比，用石墨电极加工的表面粗糙度较差。

(2)表面变质层

在电火花加工过程中，工件在放电瞬时的高温和工作液迅速冷却的作用下，表面层会发生很大的变化。这种表面变质层的厚度为 0.01～0.50 mm，一般将其分为熔化层和热影响层。电火花加工的表面变质层如图 1-28 所示。

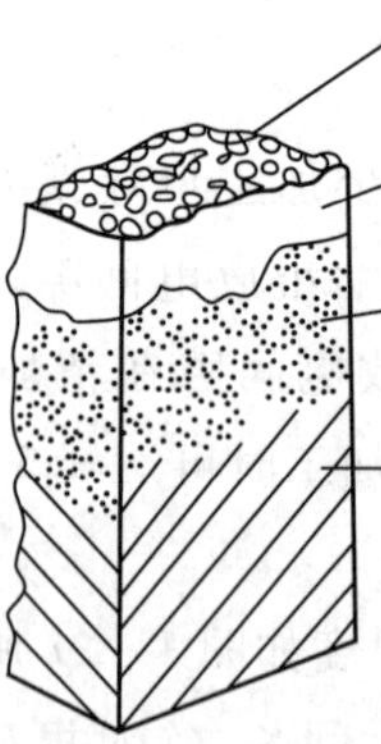

图 1-28　电火花加工的表面变质层

熔化层位于电火花加工后工件表面的最上层。它被电火花脉冲放电产生的瞬时高温所熔化，又受到周围工作液介质的快速冷却作用而凝固。对于碳钢来说，熔化层在金相照片上呈现白色，故又称为白层。白层与基体金属完全不同，是一种树枝状的淬火铸造组织，与内层的结合极不牢固。熔化层中有渗碳、渗金属、气孔及其他夹杂物。熔化层厚度随脉冲能量增大而变厚，一般为 0.01～0.10 mm。

热影响层位于熔化层和基体之间，热影响层的金属被熔化，只是影响受热而未发生金相组织变化。它与基体没有明显的界限。由于加工材料及加工前热处理状态及加工脉冲参数的不同，热影响层的变化也不同。对淬火钢将产生二次淬火区、高温回火区和低温回火区；对未淬火钢而言主要是产生淬火区。

电火花加工中，加工表层存在着由于瞬时先热后冷作用而形成的残余拉应力。在脉冲能量较大时，表层甚至会出现显微裂纹。裂纹主要产生在熔化层，只有脉冲能量很大时才扩展到热影响层。

不同材料对裂纹的敏感性也不同，硬脆材料容易产生裂纹。由于淬火钢表面残余拉应力比未淬火钢大，故淬火钢的热处理质量不高时，更容易产生裂纹。因此，工件加工工艺中一定要注意工件热处理的质量，以减少工件表面的残余应力。

脉冲的能量对显微裂纹的影响是也极为明显。因此，对于表面层质量要求较高的工件，应尽量避免使用较强的加工规准。

电火花加工形成的工件表面变质层，会使工件耐疲劳性能比切削加工表面低。电火花加工工序后及时采用回火处理、喷丸处理或者安排机械切削方法（钳工修光、挤压珩磨等）去除表面变质层中的有害组织，将有助于降低残余应力，或使残余拉应力转变为压应力，从而提高工件的耐疲劳性能。

第2章　型腔模成型零件的电火花加工

1. 课程学习目标

① 了解电火花加工的工艺方法，能够根据零件加工要求选择加工方法，制定校徽型腔镶件零件的电火花加工工艺；

② 掌握电极的设计方法，能够根据零件加工要求选择合适的电极材料，合理设计电极的结构和尺寸，电极尺寸要与放电间隙和整个零件加工工艺相协调；

③ 了解放电加工规准及其对放电加工过程和加工效果的影响，能够根据加工要求进行电规准的选择和适时进行加工过程调节控制，保持放电加工稳定性；

④ 了解电火花机床的操控方法；

⑤ 能够使用工量具或相应方法控制放电加工型腔的深度；

⑥ 能够使用检具对校徽型腔镶件零件进行加工质量检测并评估、分析加工的质量，提出针对性改进措施。

2. 课程学习背景

校徽型腔镶件零件的机械加工工艺过程卡片见表 2-1 所列。

校徽型腔镶件零件图纸如图 2-1 所示。

表 2-1　校徽型腔镶件零件的机械加工工艺过程卡片

<table>
<tr><td rowspan="2" colspan="2">工业中心</td><td>机械加工</td><td>产品型号</td><td>—</td><td colspan="2">零(部)件图号</td><td></td><td colspan="2">共1页</td></tr>
<tr><td>工艺过程卡</td><td>产品名称</td><td>—</td><td colspan="2">零(部)件名称</td><td>型腔镶件</td><td colspan="2">第1页</td></tr>
<tr><td>材料名称</td><td>材料牌号</td><td>毛坯种类</td><td>毛坯尺寸</td><td>每毛坯件数</td><td colspan="2">每台件数</td><td rowspan="2">零件重量</td><td>毛重</td><td></td></tr>
<tr><td>模具钢</td><td>45</td><td>锻件</td><td>Φ40×25</td><td>1</td><td colspan="2">—</td><td>净重</td><td></td></tr>
<tr><td>工序号</td><td>工序名称</td><td colspan="3">工序内容</td><td>设备名称</td><td>夹具</td><td>刀具</td><td>量具</td><td>工时</td></tr>
<tr><td>1</td><td>备料</td><td colspan="3">下料：φ30×46</td><td>锯床</td><td></td><td></td><td></td><td></td></tr>
<tr><td>2</td><td>锻</td><td colspan="3">锻打成：φ40×25</td><td>锻锤</td><td></td><td></td><td></td><td></td></tr>
<tr><td>3</td><td>车</td><td colspan="3">车全部，留磨量</td><td>车床</td><td></td><td></td><td></td><td></td></tr>
<tr><td>4</td><td>热处理</td><td colspan="3">调质 HRC22—26</td><td></td><td></td><td></td><td></td><td></td></tr>
<tr><td>5</td><td>平磨</td><td colspan="3">磨上下大平面</td><td>平面磨床</td><td></td><td></td><td></td><td></td></tr>
<tr><td>6</td><td>磨</td><td colspan="3">磨外圆</td><td>外圆磨床</td><td></td><td></td><td></td><td></td></tr>
<tr><td>7</td><td>钳工</td><td colspan="3">退磁</td><td>消磁机</td><td></td><td></td><td></td><td></td></tr>
<tr><td>8</td><td>电火花</td><td colspan="3">电火花型腔，留钳工修光量 0.02 mm 单边</td><td>电火花机床</td><td></td><td></td><td></td><td></td></tr>
</table>

（续表）

工序号	工序名称	工序内容	设备名称	夹具	刀具	量具	工时
9	热处理	低温回火					
10	钳工						

										编制	会签	审核	批准
标记	处记	更改文件号	签字	日期	标记	处记	更改文件号	签字	日期				

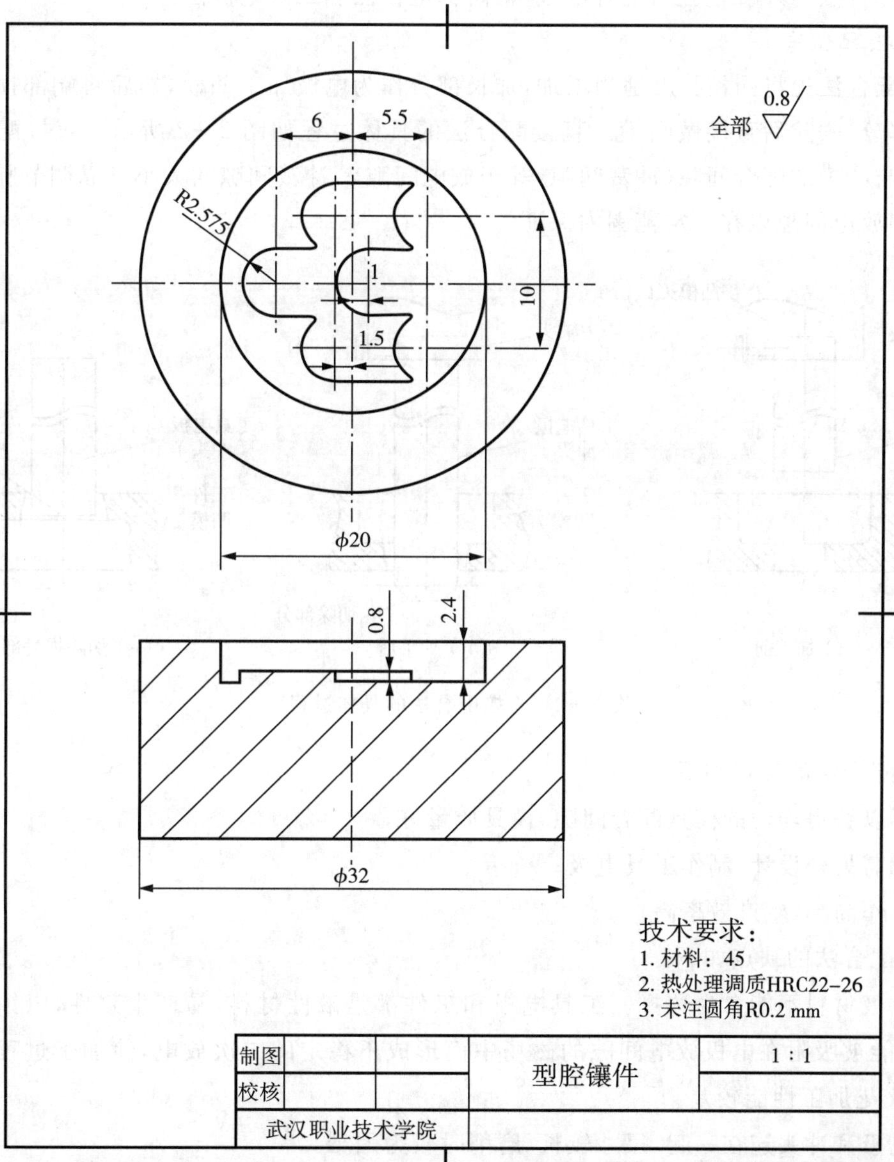

图 2-1　校徽型腔镶件零件图纸

2.1 电火花加工方法的选择

2.1.1 电火花穿孔加工方法

电火花穿孔加工指用电火花的方法来加工通孔或直壁的外成型面。电火花穿孔加工方法有直接配合法、修配凸模法、混合电极法、阶梯电极法和二次电极法。

1. 直接配合法

直接配合法先将凸模长度适当增加，加长部分作为电极加工凹模，然后将端部损耗的部分（加长部分）去除后直接做凸模。直接配合法的具体过程如图 2-2 所示。直接配合法加工的凹模与凸模的配合间隙（冲裁间隙）等于放电间隙 δ，冲裁间隙的大小可靠调节脉冲电源参数、控制放电间隙以在一定范围内保证。

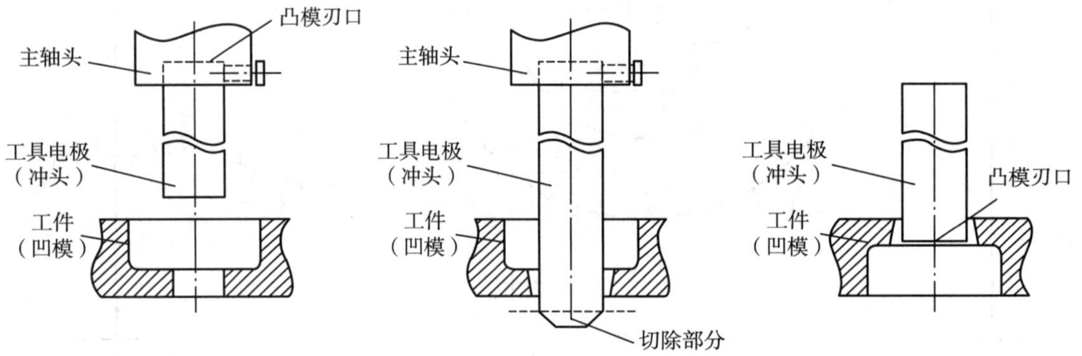

（a）加工前　（b）加工后　（c）切除损耗部分

图 2-2　直接配合法的具体过程

直接配合法的优点如下：

① 可以获得均匀的模具配合间隙，模具质量好；

② 无需另外设计、制作工具电极；

③ 工作简单，生产效率高。

直接配合法的缺点如下。

① 电极材料不能自由选择。工具电极和工件都是磁性材料，易产生磁性，电蚀下来的金属屑可能被吸附在电极放电间隙的磁场中而形成不稳定的二次放电，使加工过程极不稳定，故电火花加工性能较差。

② 电极和冲头连在一起，尺寸较长，磨削时较为困难。

2. 修配凸模法

修配凸模法指在模具零件的电火花加工中，凸模与加工凹模用的工具电极分开设计制造。首先根据凹模尺寸设计电极，然后制造电极，进行凹模加工，再根据模具冲裁间隙的要求来配制冲裁凸模。修配凸模法的具体过程如图 2-3 所示。

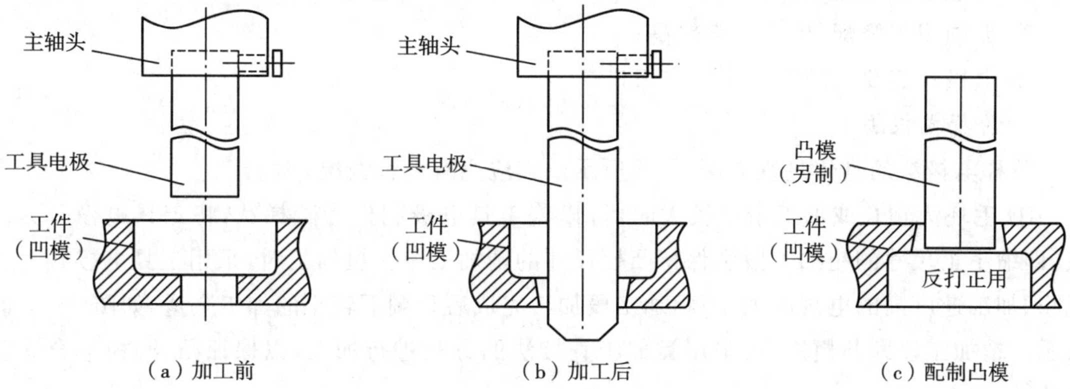

图 2-3　修配凸模法的具体过程

修配凸模法的优点：

① 可以自由选择电极材料，保证放电过程稳定；

② 因为凸模是根据凹模另外进行配制的，所以凸模和凹模的配合间隙不受放电间隙的限制。

修配凸模法的缺点：

电极与凸模分开制造，凸、凹模间的配合间隙（冲裁间隙）均匀性的保证依赖钳工的技术水平。

3. 混合电极法

混合电极法也适用于加工冲模，指将电火花加工性能良好的电极材料与冲头材料粘结（需导电）在一起，共同用线切割或磨削加工成型，先用电火花性能好的一端作为加工端，然后将工件反置固定，再用"反打正用"的方法实行加工。这种方法不仅可以充分发挥加工端材料好的电火花加工工艺性能，还可以达到与直接配合法相同的加工工艺效果。混合电极法的具体过程如图 2-4 所示。

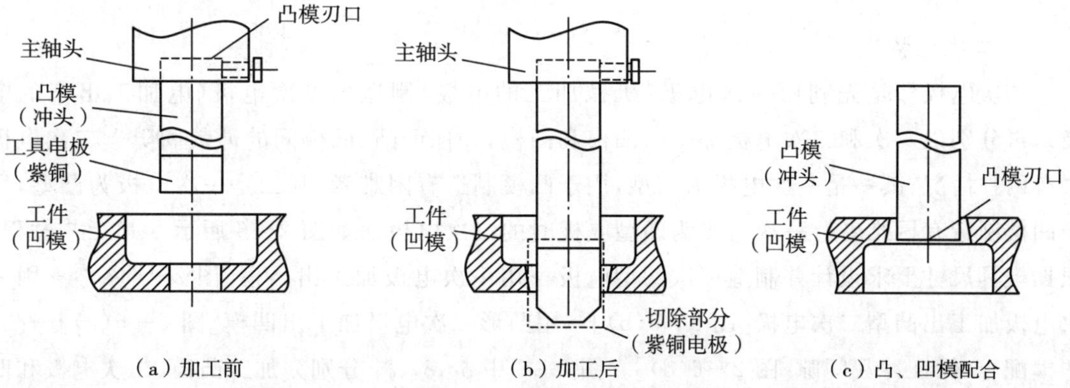

图 2-4　混合电极法的具体过程

混合电极法的特点：

① 可以自由选择电极材料，电加工性能好；

② 无须另外制作电极；

③ 无须钳工修配，生产效率较高；

④ 电极一定要粘结在冲头的非刃口端。

4. 阶梯电极法

阶梯电极法的具体过程如图 2－5 所示。其应用有两种情况。

① 毛坯无预孔或加工余量较大时，可以将工具电极制作为阶梯状，将工具电极分为两段，即缩小了尺寸的粗加工段和保持凸模尺寸的精加工段。粗加工时，采用工具电极相对损耗小、加工速度高的电规准加工；粗加工段加工完成后只剩下较小的加工余量，如图 2－5(a)所示。精加工段即凸模段，可采用类似于直接法的方法进行加工，以保证凸、凹模配合间隙的要求，如图 2－5(b)所示。

② 在加工小间隙、无间隙的冷冲模具时，配合间隙小于最小的电火花加工放电间隙，先用凸模作为精加工段不能实现加工，则可将凸模加长后，再使用机械加工或化学腐蚀方法制造成阶梯状，使阶梯的精加工段与凸模有均匀的尺寸差，并通过加工规准控制放电间隙尺寸，使加工后的尺寸符合凸、凹模配合间隙的要求，如图 2－5(c)所示。

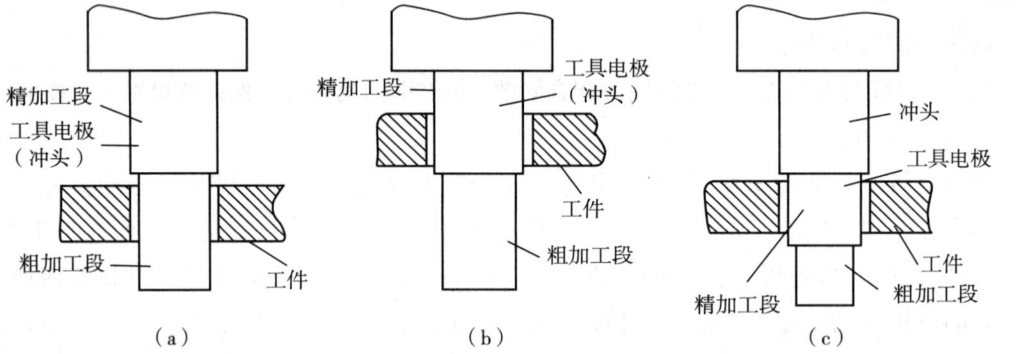

图 2－5 阶梯电极法的具体过程

5. 二次电极法

二次电极法是先利用一次电极（机械加工的电极）制造出二次电极（电加工出来的电极），再分别以一次和二次电极加工出凹模和凸模，并保证凸、凹模间的冲裁间隙。二次电极法有两种情况：其一是一次电极为凹型，用于凸模制造有困难者；其二是一次电极为凸型，用于凹模制造有困难者。一次电极为凹型电极时的二次电极法如图 2－6 所示。其工艺过程：根据模具尺寸要求设计并制造一次凹型电极→用一次电极加工出凸模[图 2－6(a)]→用一次电极加工出凸型二次电极[图 2－6(b)]→用凸形二次电极加工出凹模[图 2－6(c)]→凸、凹模配合，保证冲裁间隙[图 2－6(d)]。图 2－6 中 δ_1、δ_2、δ_3 分别为加工凸模、二次电极和凹模时的放电间隙。

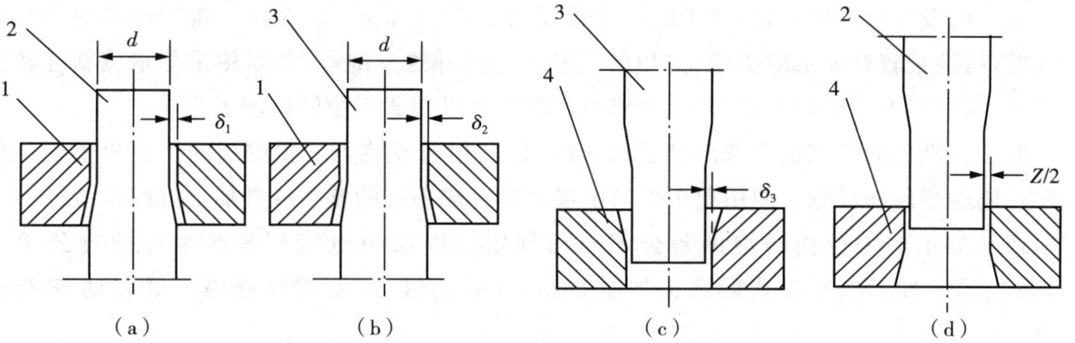

图 2-6　一次电极为凹形时的二次电极法

1—凹形一次电极；2—凸模；3—凸形二次电极；4—凹模

用二次电极法加工的工艺过程较为复杂，实际生产中一般不常采用。但由其放电加工的过程可知，加工后冲模的冲裁间隙：

$$Z=2(\delta_1-\delta_2+\delta_3)$$

放电加工中，若能合理分配加工的电规准、调整放电间隙 δ_1、δ_2、δ_3 的大小，可加工无间隙或间隙极小的精冲模。对于硬质合金模具，在无成型磨削的情况下可以采用二次电极法加工凸模。

使用电火花穿孔加工凸、凹模成型面的工艺方法在实际生产中使用率并不高，目前基本已被电火花线切割加工方法所取代。

2.1.2　电火花型腔加工方法

电火花型腔加工与穿孔加工相比有下列特点：

① 电火花型腔加工多为盲孔加工，工作液循环困难，电蚀产物排除条件差；

② 型腔多由球面、锥面、曲面等组成，且在一个型腔内常有各种圆角、凸台或凹槽，有深有浅，还有各种形状的曲面相接，轮廓形状多边，结构复杂；

③ 加工的材料去除量大，表面粗糙度要求严格；

④ 加工面积变化大，要求电规准的调节范围相应也大。

根据电火花型腔加工的具体情况，在实际生产中通常采用的工艺方法有单电极平动法、多电极更换法和分解电极法等。

1. 单电极平动(摇动)法

单电极平动法是利用电火花成型机床的平动头附件，只使用一个工具电极来完成型腔的加工。加工时先采用低损耗(电极相对损耗小于1%)、高生产率的电规准对型腔进行粗加工，然后启动平动头带动工具电极作平面圆周运动，同时按照粗、中、精的加工顺序逐级转换电规准，并相应加大电极作平面圆周运动的回转半径以将型腔加工到所规定的尺寸精度及表面粗糙度要求。

用单电极平动法加工时，加工的尺寸精度为±0.05 mm。其缺点是难于获得更高精度的型腔，特别是较难加工出清棱、清角的型腔。为弥补这一缺点，可采用重复定位精度较高的夹具，先将粗加工后的电极取下，经修整后再装入以完成型腔的精加工。

对于三坐标的数控电火花成型机床，则可以利用数控装置提供的摇动功能来实现工件加工轨迹逐步向外扩张。使用单个工具电极也可完成型腔的整个成型加工过程。

摇动加工的编程代码均由各公司自己规定。以汉川机床厂和日本沙迪克公司为例，数控摇动加工的指令代码含义如图 2－7 所示，数控摇动指令代码一览表见表 2－2 所列。

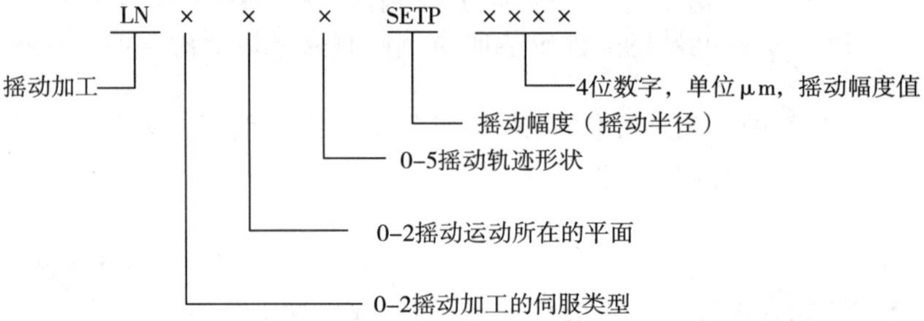

图 2－7　数控摇动加工的指令代码含义

表 2－2　数控摇动指令代码一览表

类型＼所在平面＼摇动轨迹		无摇动		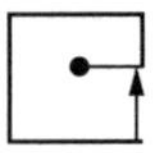			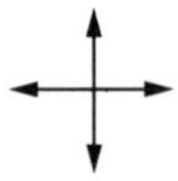
自由摇动	X–Y平面	000	001	002	003	004	005
	X–Z平面	010	011	012	013	014	015
	Y–Z平面	020	021	022	023	024	025
步进摇动	X–Y平面	100	101	102	103	104	105
	X–Z平面	110	111	112	113	114	115
	Y–Z平面	120	121	122	123	124	125
锁定摇动	X–Y平面	200	201	202	203	204	205
	X–Z平面	210	211	212	213	214	215
	Y–Z平面	220	221	222	223	224	225

数控摇动的伺服方式如图 2－8 所示，共有三种。

(1)自由摇动

选定某一个轴向(例如 Z 轴)作为伺服进给轴，其他两轴进行摇动，如图 2－7(a)所示。

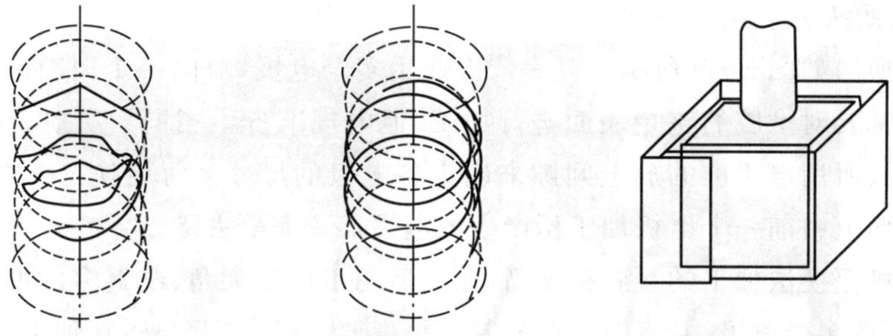

（a）自由摇动　　（b）步进摇动　　（c）锁定摇动

图 2－8　数控摇动的伺服方式

例如：G01 LN001 STEP30 Z－10.0。

G01 表示沿 Z 轴方向进行伺服进给。LN001 中的 00 表示在 XOY 平面内自动摇动，1 表示工具电极各点绕各原始点作圆形轨迹摇动，STEP30 表示摇动半径为 30 μm，Z－10.0 表示伺服进给至 Z 轴绝对坐标为－10 mm 为止。其实际放电的轨迹如图 2－8(a)所示，Z 轴方向可能出现不规则的进进退退，但在 XOY 平面保持为圆周运动轨迹。

(2)步进摇动

在某选定的轴向作步进伺服进给，每进一步的步距为 2 μm(可由数控系统参数设定)，其他两轴作摇动运动，如图 2－8(b)所示。

例如：G01 LN101 STEP20 Z－10.0。

G01 表示沿 Z 轴方向进行伺服进给。LN001 中的 10 表示在 XOY 平面内步进摇动，1 表示工具电极各点绕各原始点作圆形轨迹摇动，STEP20 表示摇动半径为 20 μm，Z－10.0 表示伺服进给至 Z 轴绝对坐标为－10 mm 为止。其实际运动的轨迹如图 2－8(b)所示。步进摇动限制了主轴的进给动作，使摇动动作的循环成为优先动作。步进摇动应用于深孔排屑比较困难的加工中。它较自由摇动的加工速度稍慢，但更稳定，且无频繁的进给、回退现象。

(3)锁定摇动

在选定的轴向进给运动到指令坐标后，停止并锁定轴向位置，其他两轴进行摇动运动。在摇动中，摇动半径幅度逐步扩大，主要用于精密修扩内孔或内腔，如图 2－8(c)所示。

例如：G01 LN202 STEP20 Z－5.0。

G01 表示沿 Z 轴方向进行伺服进给。LN202 中的 20 表示在 XOY 平面内锁定摇动，2 表示工具电极各点绕各原始点作方形轨迹摇动，STEP20 表示摇动半径为 20 μm，Z－5.0 表示 Z 轴加工至绝对坐标为－5 mm 处停止进给并锁定，X、Y 轴再进行摇动运动。其实际放电点的轨迹如图 2－8(c)所示。锁定摇动能迅速除去粗加工留下的侧面波纹，是达到尺寸精度最快的加工方法。它主要用于通孔、盲孔或有底面的型腔模具加工中。如果锁定后再作圆轨迹摇动，则还能在孔内滚花、加工内花纹等。

值得注意的是，平动是平动头夹具带动工具电极运动实现，而摇动是机床数控系统通过 X、Y 轴坐标带动工件运动实现；对于三坐标的数控电火花成型机床，不需要使用平动头夹具。

2. 多电极更换法

多电极更换法如图 2 - 9 所示。其是依次使用多个电极，对同一个型腔进行粗、中、精加工。每个电极都要对型腔的整个表面进行加工，但电规准各不相同。所以，在设计电极时，必须根据各电极所用电规准的放电间隙来确定各电极的尺寸。每更换一个电极进行加工，都必须将加工面上由前一个电极加工所产生的电蚀痕迹完全去除。

采用多电极更换法加工的型腔精度高，尤其适用于加工尖角、窄缝多的型腔。它的缺点是需要设计、制造多个电极，并且对电极的制造精度要求极高。此外，在加工过程中，电极的依次更换需要有一定的重复定位精度。

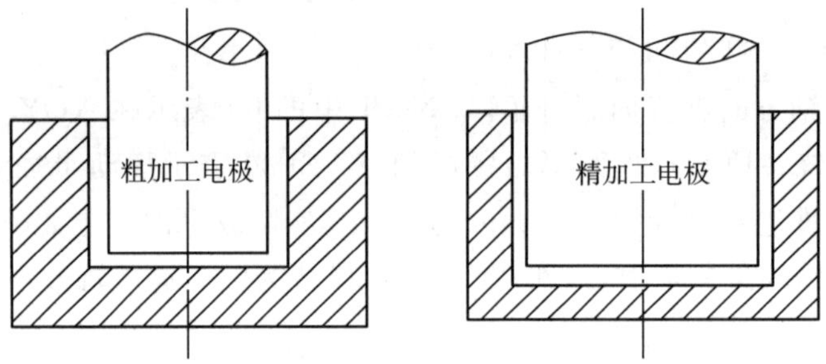

（a）粗加工　　（b）更换电极精加工

图 2 - 9　多电极更换法

3. 分解电极法

分解电极法如图 2 - 10 所示。其是根据型腔的结构形状，把电极分解成主型腔电极和副型腔电极，分别进行设计、制造。先用主型腔电极加工出主型腔，然后用副型腔电极加工型腔中的尖角、窄缝等特殊结构部位。

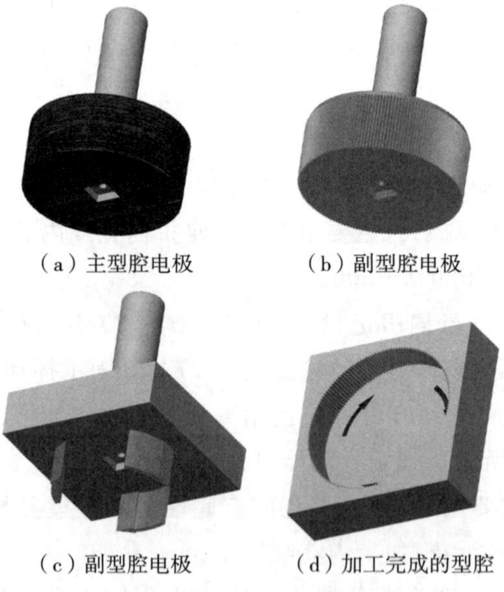

（a）主型腔电极　　（b）副型腔电极

（c）副型腔电极　　（d）加工完成的型腔

图 2 - 10　分解电极法

此方法的优点是能根据主、副型腔不同的加工条件，选择不同的加工电规准，有利于提高加工速度和改善加工表面质量；同时还可简化电极制造，便于电极修整。其缺点是加工主型腔的电极和加工副型腔的电极之间要做好精确定位找正，以保持主、副型腔间的位置精度。

近年来，国内外广泛应用具有电极库的全功能数控电火花成型机床。该机床允许使用指状电极对型腔进行放电成型加工，型腔的加工形状和尺寸由数控程序控制机床做三坐标联动实现（电火花切削加工），通过程序控制，在加工中自动更换电极和加工规准，实现复杂型腔的加工。

2.2　工具电极的设计与制造

2.2.1　电极材料的选择

不同的电极材料对电火花加工速度、加工质量、电极损耗、加工过程稳定性有重要影响。目前，可用的电极材料有紫铜、黄铜、钢、石墨、铜钨合金和银钨合金等。电火花加工常用电极材料性能见表 2-3 所列。

表 2-3　电火花加工常用电极材料性能

电极材料	电加工性能		加工性能	说明
	稳定性	电极损耗		
钢	较差	中等	好	在选择加工的电规准时应注意加工的稳定性
黄铜	好	大	尚好	电极损耗太大
紫铜	好	较大	较差	磨削困难，难以与凸模连接后同时加工
石墨	尚好	小	尚好	机械强度较差，易崩角
铜钨合金	好	小	尚好	价格贵，在深孔、直壁孔、硬质合金模具加工时使用
银钨合金	好	小	尚好	价格昂贵，一般加工中较少采用

在型腔的电火花成型加工中应用最多的电极材料是石墨和紫铜。紫铜组织致密，制造时不易崩边塌角，适用于加工一些形状复杂、轮廓要求清晰、精度要求高和粗糙度小的型腔。但紫铜的切削加工性能稍差、密度较大、价格较贵，大、中型尺寸的电极不宜采用。

与紫铜电极相比，石墨电极加工容易、密度较小，若与紫铜电极体积相同，则其重量较轻。但石墨的机械强度较差，并且在采用宽脉冲、大电流加工时，容易起弧烧伤；此外，不同质量的石墨材料，电火花加工性能也有极大的差异。在加工中应选择颗粒小而均匀、气孔率低、抗弯强度高和电阻率低的石墨材料作为电极材料。

铜钨合金和银钨合金是较理想的电极材料，但价格昂贵，只在特殊情况下采用。其他电极材料如黄铜、钢等都有损耗大、加工速度低等明显缺点，均不适用于型腔的加工。

(1)紫铜电极材料的特点

① 加工过程中稳定性好、生产率高。

② 精加工时比石墨电极损耗小。

③ 易于加工成精密、微细的花纹；采用精密加工时能获得优于 1.25 μm 的表面粗糙度。

④ 因其韧性大，故机械加工性能差、磨削加工困难。

⑤ 适宜于作为电火花成型加工的精加工电极材料。

(2)石墨电极材料的特点

① 机加工成型容易，且易修正。

② 加工稳定性能较好、生产率高，在长脉宽、大电流加工时电极损耗小。

③ 机械强度差，尖角处易崩裂。

④ 适用于做电火花成型加工的粗加工电极材料。因石墨的热胀系数小，其也可作为穿孔加工的大电极材料。

一般来说，在选择电极材料时，可以在粗加工或大型腔加工时采用石墨材料电极；在精加工时则使用紫铜材料来制作成型电极。

2.2.2 电极的结构形式

电极的结构形式可根据型孔或型腔的尺寸大小、复杂程度及电极的加工工艺性能等来确定；同时还需根据电极的结构形式和加工中的具体情况，在电极结构上设计排气孔和冲油孔。常见的电极结构形式有整体式电极、组合式电极和镶拼式电极等。

1. 整体式电极

整体式电极一般由一块整体材料加工制成。若电极尺寸较大，则还需在电极内部结构上设置减轻孔及多个冲油孔。整体式电极如图 2-11 所示。

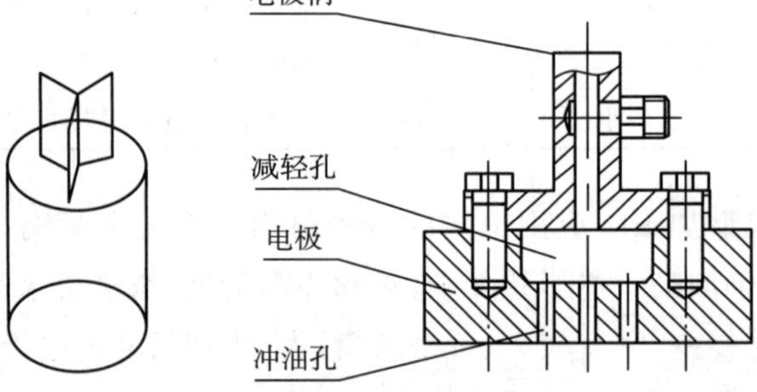

图 2-11 整体式电极

对于穿孔加工，有时为了提高生产率和加工精度及降低表面粗糙度，常采用阶梯式整体电极，即在原有的电极上适当增长；而增长部分的截面尺寸均匀减小，呈阶梯形。阶梯式整体电极及粗、精加工如图 2-12 所示，其中 L_1 为原有电极长度，L_2 为增长部分的长度。阶梯电极在电火花加工中的加工原理是先用电极增长部分 L_2 进行粗加工，蚀除大部分金属，只留下很少余量，然后再用原有的电极进行精加工。阶梯电极的优点是粗加工快速蚀除金属，将精加工余量降低到最小值，提高生产效率；可减少电极更换的次数，以简化操作。

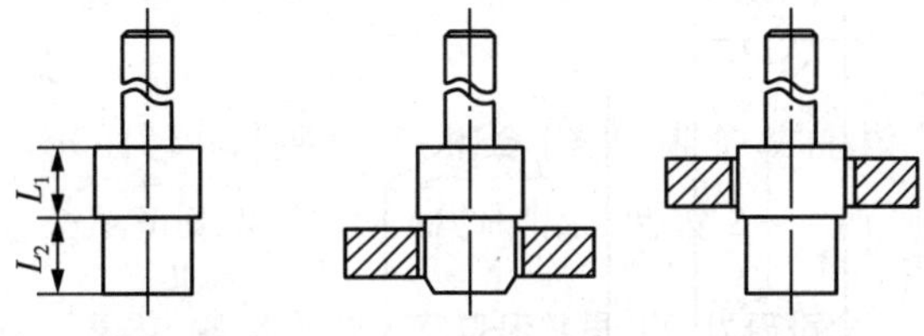

（a）阶梯电极　（b）粗加工　（c）精加工

图 2－12　阶梯式整体电极及粗、精加工

2. 组合式电极

组合式电极是将若干个小电极组装在电极固定板上，可一次性同时完成多个成型表面电火花加工的电极。组合式电极如图 2－13 所示。其中，加工叶轮的工具电极由六个小电极组装而构成。

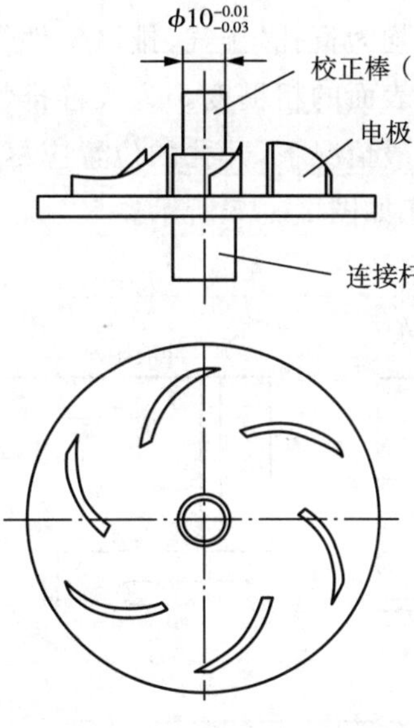

图 2－13　组合式电极

采用组合电极电火花加工时，生产率高，各型孔之间的位置精度也较准确。但是对组合电极来说，一定要保证各电极间的位置精度，同时还要保证各电极相对电极装夹面的位置精度。

3. 镶拼式电极

镶拼式电极是先将形状复杂且制造困难的电极分解成几块来分别加工，然后再镶拼起来成为完整的电极。镶拼式电极如图 2－14 所示。先将斜山字形硅钢片冲模电火花加工所用的电极分成三块，分别加工完毕后再镶拼成整体。这样既可以保证电极的制造精度，得到尖锐的凹角，还简化了电极的加工、节约了材料、降低了制造成本。但在制造中应保证各电极分块间的位置准确、配合紧密牢固。

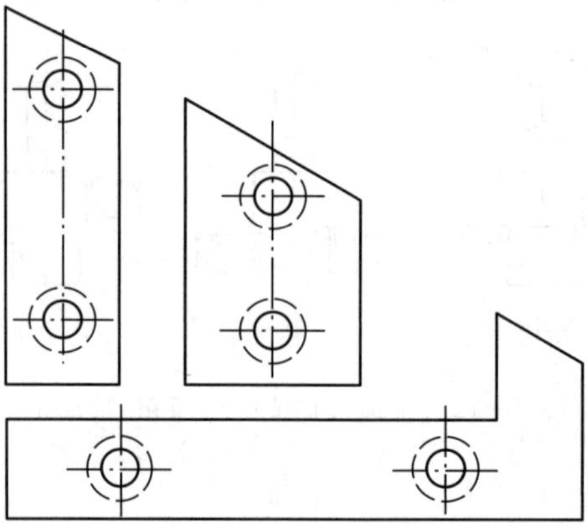

图 2-14 镶拼式电极

2.2.3 电极的排气孔和冲油孔

电火花型腔加工时，由于型腔一般均为盲孔，排气、排屑条件较为困难，这直接影响加工效率与稳定性；精加工时还会影响加工表面的粗糙度。为改善排气、排屑条件，大、中型腔加工的电极都需设计有排气、冲油孔。一般情况下，开孔的位置应尽量保证冲液均匀和气体易于排出。电极上冲油和排气孔开设示意如图 2-15 所示。

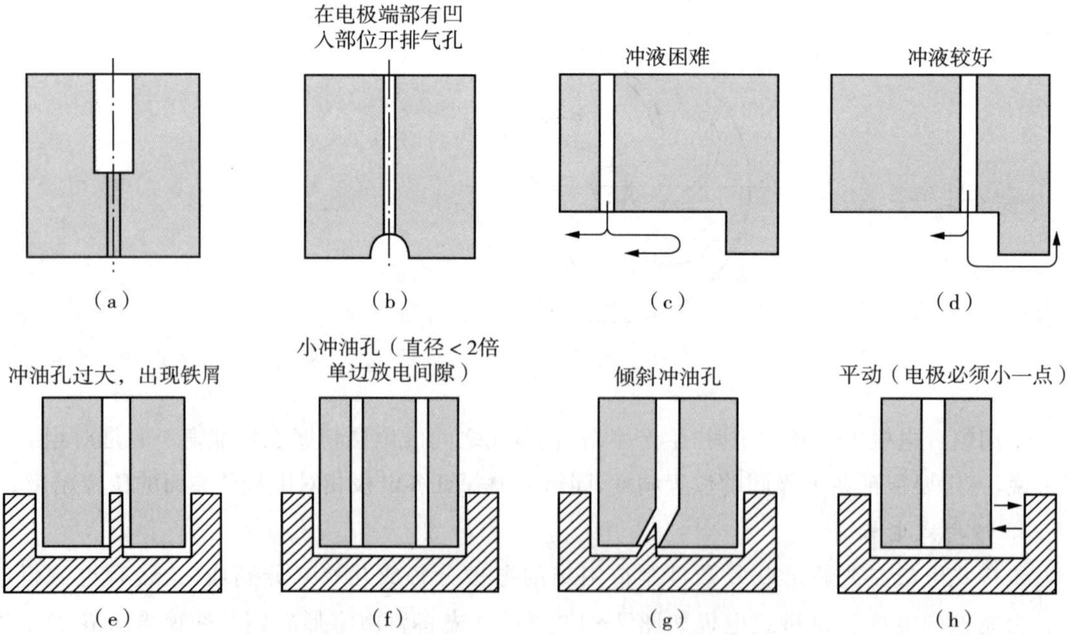

图 2-15 电极上冲油和排气孔开设示意

在电极的冲油、排气孔设计中要注意以下几点。

① 为便于排气孔的加工，经常将冲油孔或排气孔上端直径加大，如图 2－15(a)所示。

② 气孔尽量开在蚀除面积较大及电极端部凹入的位置，如图 2－15(b)所示。

③ 冲油孔要尽量开在不易排屑的拐角、窄缝处，如图 2－15(c)的位置不合理，如图 2－15(d)的位置就较为合理。

④ 排气孔和冲油孔的直径约为平动量的 1～2 倍，一般取 1～1.5 mm；为便于排气、排屑，常把排气孔、冲油孔的上端孔径加大到 5～8 mm；孔距为 20～40 mm，位置相对错开，以避免放电加工表面出现"波纹"。

⑤ 尽可能避免因冲液孔在加工后留下的柱芯残留，如图 2－15(f)(g)(h)较好，如图 2－15(e)较差。

⑥ 冲油孔的布置需注意冲油要流畅，不可出现无工作液流经的"死区"。

2.2.4　电极的尺寸设计

电极的尺寸设计是电火花加工的关键点之一。在设计中，第一，要详细分析产品图纸，确定电火花加工的部位；第二，要根据现有设备、材料、拟采用的加工工艺等具体情况确定电极的结构形式；第三，要根据不同的电极损耗、放电间隙等工艺要求对照型腔尺寸进行缩放，同时要考虑工具电极各部位投入放电加工的先后顺序不同、工具电极上各点的总加工时间和损耗不同、同一电极上端角、边和面上的损耗值不同等因素对电极的形状尺寸做适当补偿。电极形状尺寸的预补偿如图 2－16 所示。

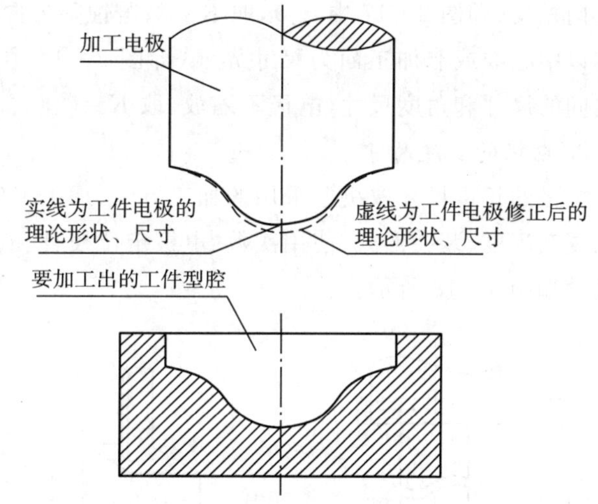

图 2－16　电极形状尺寸的预补偿

电火花加工电极的尺寸包括电极的长度尺寸和截面尺寸，电极尺寸的公差可以取型腔相应尺寸公差的 1/2～1/3。加工型腔的电极，其尺寸大小与型腔的加工方法、加工时的放电间隙及电极损耗等因素有关。当采用单电极平动法加工时，电极的尺寸可按如下方法计算。

1. 电极的截面尺寸

电极在垂直于机床主轴轴线方向上的尺寸称为电极的截面尺寸(如图 2－17 所示)。由于加工过程中电极的平动量大小可调整，为使计算过程简化，常采用以下公式进行：

$$a = A \pm Kb; \qquad 式(2-1)$$

$$b = \delta + H_{max} - h_{max} \qquad 式(2-2)$$

式(2-1)(2-2)中,a:电极水平方向的尺寸;

A:型腔的基本尺寸;

K:与型腔尺寸标注方式有关的系数(双边尺寸 $K=2$,单边尺寸 $K=1$);

b:电极单边缩放量;

δ:粗规准加工的单面脉冲放电间隙;

H_{max}:粗规准加工时表面粗糙度的最大值;

h_{max}:精规准加工时表面粗糙度的最大值。

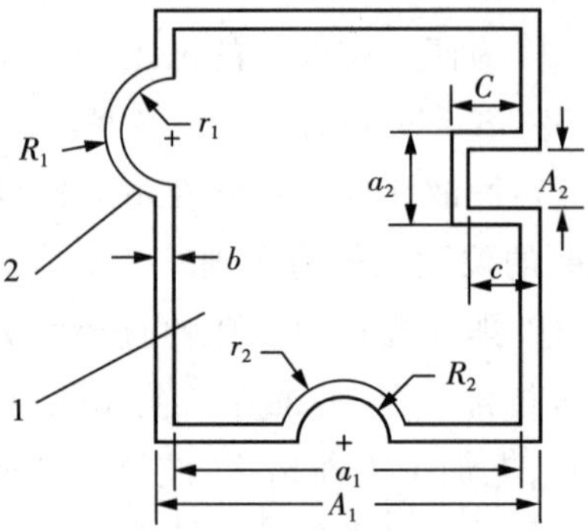

图 2-17 电极的截面尺寸

1—电极截面;2—型腔截面

式(2-1)中正、负号,应按缩、放原则确定。与型腔凹入部分(即图 2-17 中 R_1)相对应的电极凸出部分的尺寸应当缩小,取负号;与型腔凸出部分(即图 2-17 中 R_2、C)相对应的电极凹入部分的尺寸应当放大,取正号;当型腔尺寸两端都以加工面为尺寸界限标注,若蚀除方向相反(即图 2-17 中 A_1),取 $K=2$;若蚀除方向相同(即图 2-17 中 C),取 $K=1$;如果一端以中心线或非加工面为尺寸界线(即图 2-17 中 R_1、R_2),取 $K=1$;凡图纸中型腔中心线之间的尺寸和角度尺寸,电极不缩放,取 $K=0$。

2. 电极的长度尺寸

电极的长度尺寸取决于采用的加工方法、加工工件的结构形式、加工深度、电极材料、型孔的复杂程度、装夹形式、使用次数、电极定位校直、电极制造工艺等一系列因素。电极的长度尺寸如图 2-18 所示。

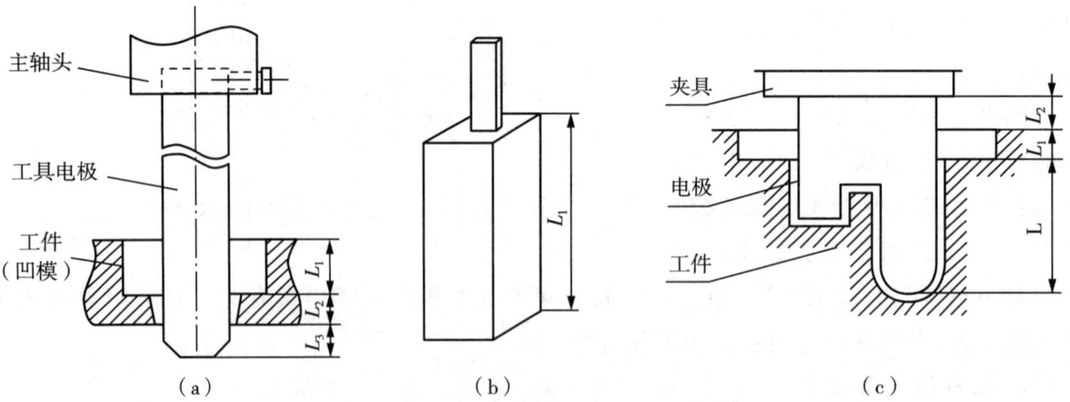

图 2-18 电极的长度尺寸

在设计中,综合考虑上述各种因素后很容易确定电极的垂直尺寸,下面简单举例说明。

如图 2-18(a)中的凹模穿孔加工用工具电极,L_1 为凹模板挖孔部分长度尺寸。在实际

加工中 L_1 部分虽然不需电火花加工，但在设计电极时必须考虑该部分长度；L_3 为电极加工中端面损耗部分，在设计中也要考虑。

如图 2－18(b)中清角用的工具电极，即清除型腔的某些角部残留。加工部分电极较细，受力易变形。根据电极定位、校正的需要，在实际中应适当增加长度 L_1 的部分。

如图 2－18(c)中的电火花型腔加工用电极，电极长度尺寸包括加工一个型腔的有效长度 L、加工一个型腔位于另一个型腔中需增加的高度 L_1、加工结束时电极夹具和夹具或压板不发生碰撞而应增加的高度 L_2、电极的夹持长度等。

2.2.5　电极的制造

电极制造应根据电极的结构形式、尺寸大小、电极材料和电极结构的复杂程度等进行考虑。

穿孔加工用电极的长度尺寸一般无严格的要求，而截面尺寸要求较高。对于这类电极，若适合于切削加工的，可用切削加工方法进行粗加工和精加工；而对于用紫铜、黄铜一类材料制作的电极，其最后加工可用刨削或由钳工精修来完成，也可采用电火花线切割加工来制作电极。

需要将电极和凸模连接在一起进行成型磨削时，可采用环氧树脂或聚乙烯醇缩醛胶粘合。凸模与电极粘合如图 2－19 所示。当粘合面积小不易粘牢时，为防止磨削过程中脱落，可采用锡焊的方法将电极材料和凸模焊接在一起。

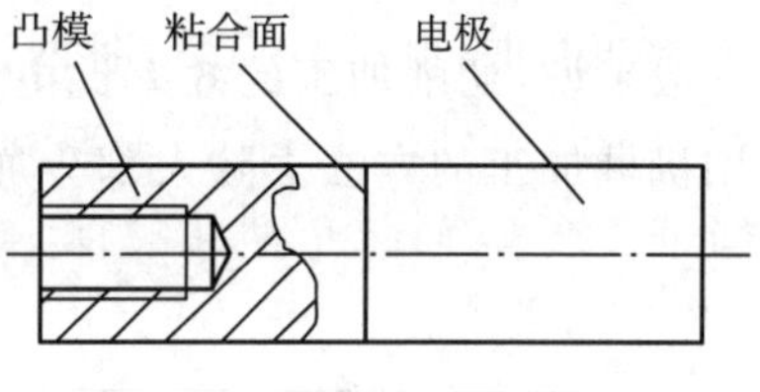

图 2－19　凸模与电极粘合

直接用钢凸模作电极时，若凹、凸模的冲裁间隙小于放电间隙，则凸模作为电极部分的断面轮廓必须均匀缩小。可采用化学腐蚀的方法进行浸蚀，对钢电极的浸蚀速度可达0.02 mm/min，化学腐蚀液的配方可参见其他资料。当凸、凹模冲裁间隙大于放电间隙，需要扩大用作电极部分的凸模断面轮廓时，可采用电镀法，单面扩大量在 0.06 mm 以下时表面镀铜；单面扩大量超过 0.06 mm 时表面镀锌。

型腔加工所用电极的截面尺寸和长度尺寸要求都较严格，与加工穿孔电极相比较为困难。对紫铜电极除采用切削加工方法外，还可采用电铸法、精锻法、液压放电成型法等先进行加工，最后由钳工精修达到要求。较为先进的方法是采用数控加工的方法制作电极。

使用石墨材料制作电极时，机械加工、修整、抛光都较容易，因此应以机械加工为主。当石墨坯料尺寸不够时可采用螺栓连接或用环氧树脂、聚氯乙烯醋酸液等粘接，制造成拼块电极。拼块要用同一牌号的石墨材料，同时还应使石墨压制时的施压方向与电火花加工时的进给方向相垂直。石墨材料的压制方向与拼合如图 2－20 所示。其中，图 2－20(b)为不合理的拼合方向，图 2－20(c)为正确的拼合方向，以避免不合理拼合引起的电极不均匀损耗，降低电火花加工的质量。

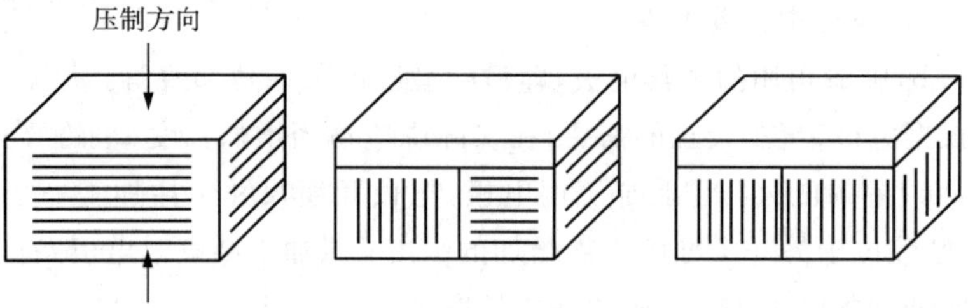

图 2 - 20　石墨材料的压制方向与拼合

2.3　工件的准备与装夹

2.3.1　工件的预加工

一般来说,切削加工的效率比电火花加工的效率要高。因此,在电火花加工前,应尽可能采用机械加工的方法去除大部分加工余量,即工件的预加工,如图 2 - 21 所示。

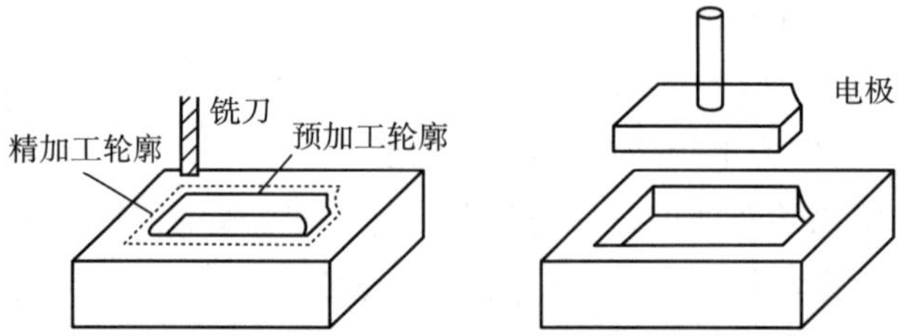

图 2 - 21　工件的预加工

预加工可以节省电火花粗加工时间,提高总的生产效率,但预加工时需注意以下几点。

(1)所留余量要合适,尽量做到余量均匀,否则会影响型腔表面粗糙度和电极不均匀的损耗,破坏型腔的成型精度。

(2)对于一些形状复杂的型腔,预加工比较困难,可以直接进行电火花成型加工。

(3)在缺少高效专用夹具的情况下,用通用夹具在预加工中需要对工件进行多次装夹。

(4)预加工后的机械切削痕迹在放电加工中会"拷贝(形态,非数量)"到工具电极表面。预加工后工件表面对工具电极的影响如图 2 - 22 所示。若继续用此电极对工件进行精加工,则可能影响到精加工后工件的表面粗糙度。

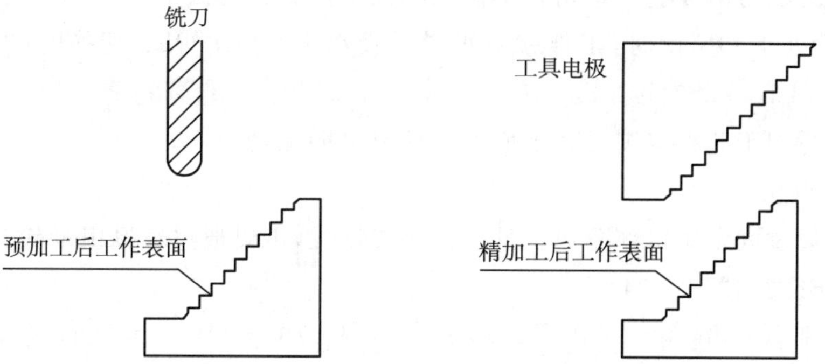

图 2－22　预加工后工件表面对工具电极的影响

(5)使用预加工过的工件进行电火花加工时，在加工起始阶段，加工的稳定性可能存在问题。

2.3.2　工件的热处理及其他辅助工序

工件在预加工后，便可以进行淬火、回火等热处理，热处理工序尽量安排在电火花加工之前，从而可避免热处理变形对电火花加工尺寸精度、型腔形状等的影响。

但这样做也有其缺点，如电火花加工将淬火表面层加工去除一部分，影响了热处理的质量和效果。所以，有些型腔模安排在热处理前进行电火花加工，这样使得型腔加工后钳工抛光较为容易，并且淬火时的淬透性也较好。在生产中应根据实际情况，合理地安排热处理的工序。

工件在电火花加工前必须除锈、去磁，否则在加工中工件会吸附铁屑，从而容易引起拉弧烧伤，造成放电加工过程不稳定。

2.3.3　工件的装夹

加工前，应根据工件的结构形状和尺寸大小，采用不同的装夹方式在工作台或油杯上进行装夹。除了常用的装夹方式外，电火花加工的工件还可以采用下面的装夹方式。

1. *永磁吸盘装夹*

强力角型永磁吸盘如图 2－23 所示。其是使用高性能磁钢通过强磁力来吸附工件的，具有吸夹工件牢靠、精度高、装卸速度快等优点，是较理想的电火花机床装夹设备，也是电火花加工中最常用的装夹方法。使用永磁吸盘装夹工件时，一般需先用压板把永磁吸盘固定在电火花机床的工作台面上。

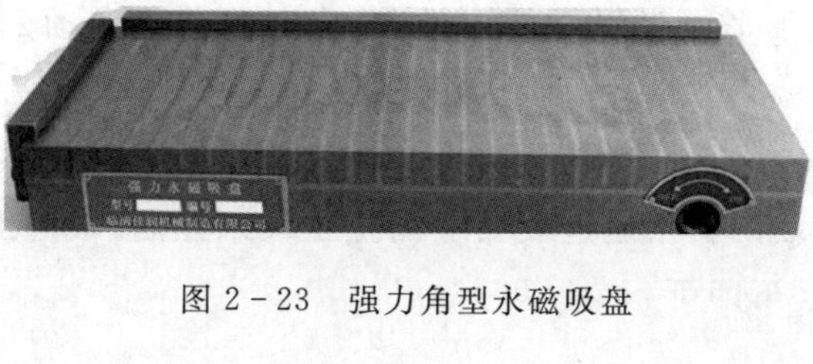

图 2－23　强力角型永磁吸盘

永磁吸盘的磁力由吸盘内六角孔中插入的扳手控制。当扳手处于 OFF 侧时，吸盘表面无磁力；当扳手处于 ON 侧时，工件就被吸紧于吸盘上。ON/OFF 切换时磁力面的平面精度不变。

永磁吸盘适用于装夹安装面为平面的工件或辅助工具。

2. 平口钳装夹

平口钳是通过固定钳口部分对工件进行装夹定位，主要通过锁紧滑动钳口来固定工件。平口钳的常见形式如图 2-24 所示。

图 2-24　平口钳的常见形式

对于一些因安装面积小、用永磁吸盘安装不牢靠的工件，或一些特殊形状的工件，可考虑使用平口钳来进行装夹。

3. 导磁块装夹

导磁块如图 2-25 所示。导磁块需放置在永磁吸盘台面上才能使用，它通过传递永磁吸盘的磁力来吸附工件。使用时要使导磁块磁极线与永磁吸盘磁极线的方向相同，否则不会产生磁力。

有些工件需要悬挂起来进行加工，可以采用两个导磁块来支撑工件的两端，使加工部位的通孔处于开放状态，这样就可以改善加工中的排屑效果。

图 2-25　导磁块

4. 正弦夹具装夹

对于安装面相对加工平面是斜面的工件，装夹时可借助具有斜度功能的正弦工具来完成。

正弦磁盘如图 2-26 所示。其工件装夹部分的结构类似于永磁吸盘，它借助本身产生的磁力吸附工件。其安装的斜角通过夹具上的正弦尺来控制，根据工件要求的斜角计算并选择块规，垫在精密圆柱下即可。

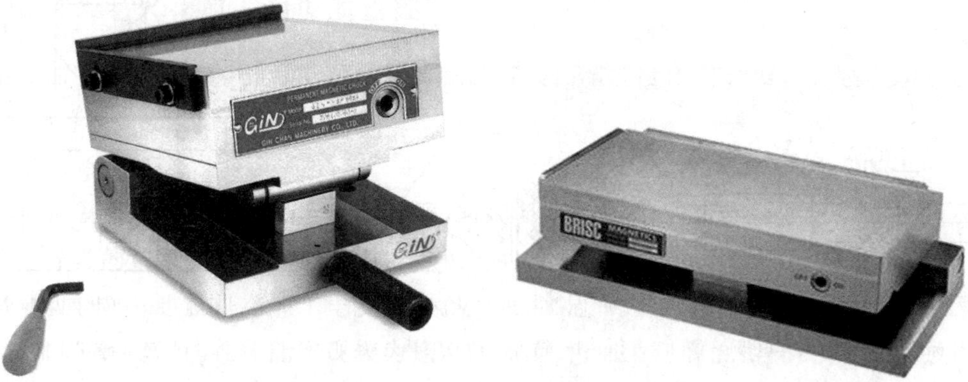

图 2－26　正弦磁盘

5. 角度导磁块装夹

角度导磁块如图 2－27 所示。角度导磁块与前面介绍的导磁块属于同类工具，也是通过传递永磁吸盘的磁力来固定工件。它可用来安装与夹具有对应斜度的工件。角度导磁块的 V 形槽角度一般为 90°，不能调节，只能用于装夹对应斜度的工件。其适用于不需要对角度进行调节的工件装夹，装夹精度较好，使用方便。

图 2－27　角度导磁块

2.4　工具电极的装夹与校正

2.4.1　工具电极的装夹

电火花加工之前，必须先安装工具电极。工具电极在安装时，一般使用通用夹具或专用夹具将电极装夹在机床主轴的前端。常用的电极装夹方法有下面几种。

小型的整体式电极多数采用通用夹具直接装夹在机床主轴前端，若采用标准套筒装夹，如图 2－28 所示；若采用钻夹头装夹，如图 2－29 所示；对于尺寸较大的工具电极，常采用螺纹夹头装夹，如图 2－30 所示。

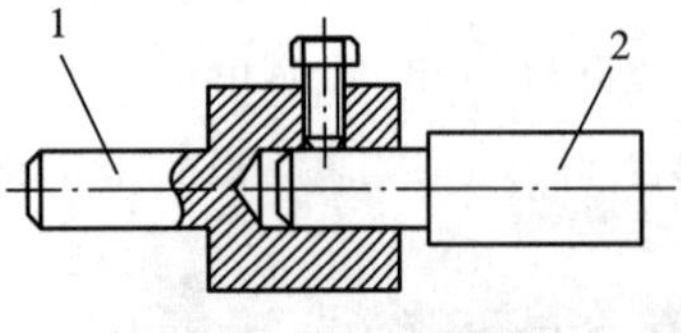

图 2-28　标准套筒装夹

1—标准套筒；2—工具电极

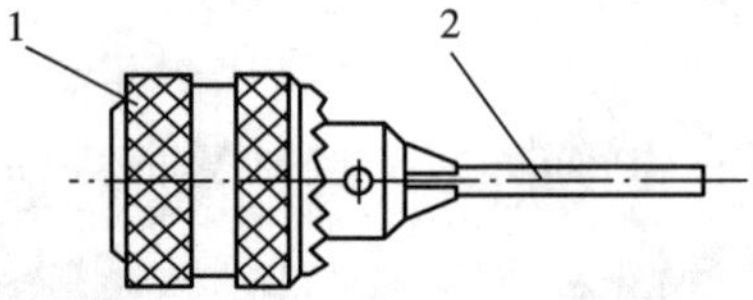

图 2-29　钻夹头装夹

1—钻夹头；2—工具电极

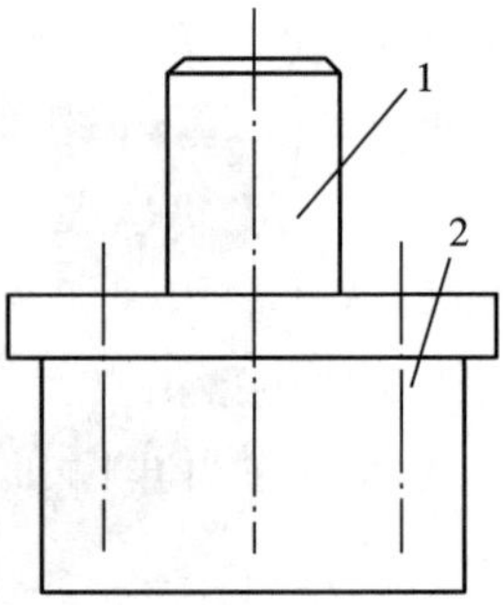

图 2-30　螺纹夹头装夹

1—电极柄；2—电极

镶拼式电极的装夹比较复杂，一般先用链接板将几块电极拼接成所需的整体，然后再用机械方法固定，如图 2-31(a)所示；也可以先用聚氯乙烯醋酸溶液或环氧树脂粘合，再用电极柄连接，如图 2-31(b)所示。在拼接时各结合面要平整密合，并将连接板连同电极一起装夹在电极柄上。

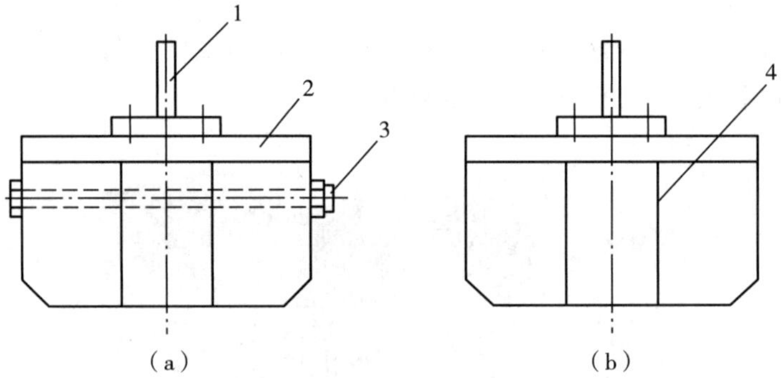

图 2-31　链接板式装夹

1—电极柄；2—连接板；3—连接螺栓；4—粘接缝

当工具电极选用石墨材料时，还应当注意石墨材料的特性。由于其材质较脆、不便于攻丝操作，故一般不宜在石墨电极上直接设置固定用的螺钉孔，而应改用螺栓或压板将电极固定于连接板上的结构形式。石墨电极的连接形式如图 2-32 所示。

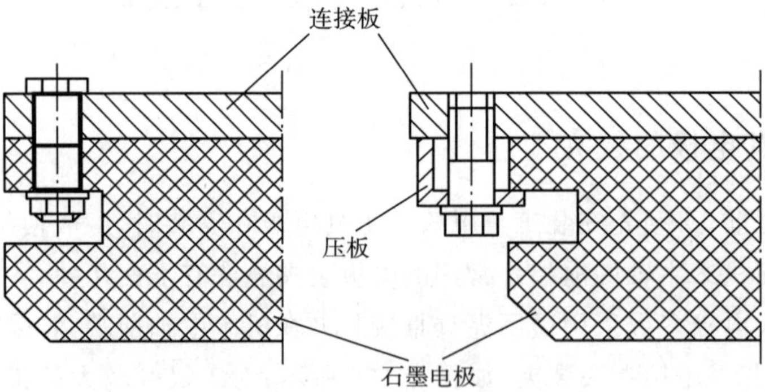

图 2-32　石墨电极的连接形式

2.4.2　工具电极的校正

电极装夹好后，必须进行电极位置的校正，即不仅要调节电极与工件基准面垂直，而且需在水平面内调节、转动一个角度，使工具电极的截面形状与将要加工的工件型孔或型腔定位的位置一致。电极的校正主要靠调节电极夹头的相应螺钉来实现。电极夹头的结构如图 2－33 所示。其中，部件 1 为电极旋转角度调整螺栓对，用于调节电极相对 Z 轴转动并锁紧；部件 2 为电极左右水平调整螺栓对，用于调节电极相对 Y 轴转动并锁紧；部件 3 为电极前后调整螺栓对，用于调节电极相对 X 轴转动并锁紧。

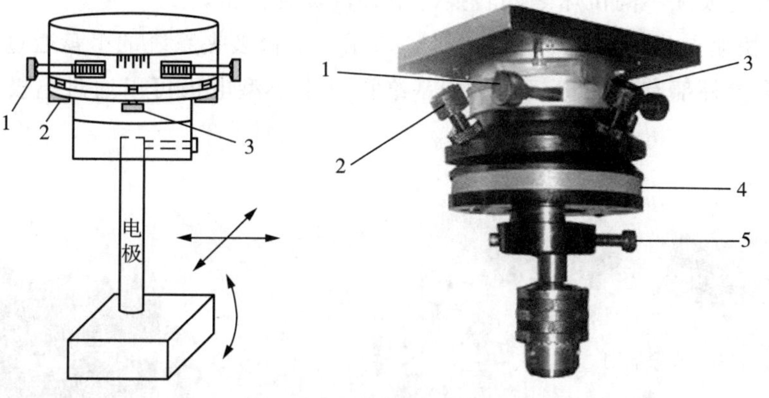

图 2－33　电极夹头的结构

1—电极调节螺栓对；2—电极调节螺栓对；3—电极调节螺栓对；4—电极安装部分；5—电极侧固螺钉

对电极的的校正方法一般有以下两种。

(1)依据电极的侧基准面，采用千分表校正电极的垂直度，如图 2－34 所示。

(2)当电极成型面上无找正基准时，如型腔加工用的形状复杂的电极，可以电极与加工部分相连的端面和侧边(预设基准面)为电极校正面，保证电极与机床的位置精度。形状复杂的电极校正如图 2－35 所示。

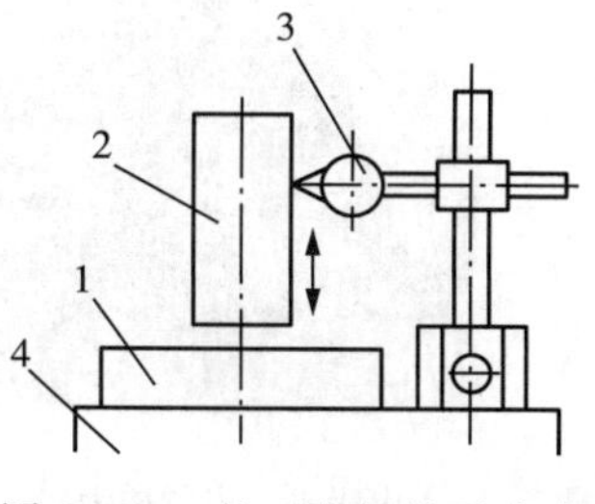

图 2－34　校正电极的垂直度

1—工件；2—电极；3—千分表；4—工作台

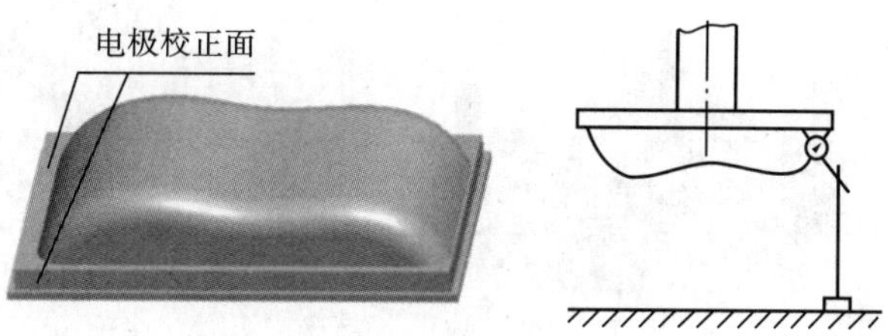

图 2－35　形状复杂的电极校正

2.4.3　工具快速换装系统

近年来，组合夹具快速发展，并在电火花成型加工和电火花线切割加工领域找到了应用机会。电火花加工由于几乎没有切削力的作用，在电火花加工中为保证极高的重复定位精度，并提高装夹、找正的效率，可以采用快速装夹的标准化夹具。

目前，在这方面应用较多的有瑞士的 EROWA(爱路华)和瑞典的 3R 夹具系统，二者均可实现快速精密定位。快速装夹的标准化夹具原理：在制造电极时，将电极与夹具作为一个整体组件，装在装备了与数控电火花机床相同的工艺定位基准附件的加工设备上完成。

由于工艺定位基准附件都统一同心，因此电极在制造完成后，可直接取下电极和夹具的组件，装入数控电火花机床的基准附件上，不用再校正电极，从而实现电极制造和电极使用的一体化，使得电极在不同机床之间转换时不必再费时找正。

EROWA 快速夹具系统组成如图 2 - 36 所示。电极装夹系统的卡盘通过夹紧插销与定位片连接，在卡盘外部有两种相互垂直的基准面。中小型电极可以通过电极夹头装夹在定位板上。

(a) EROWA快速夹具系统

(b) 卡盘

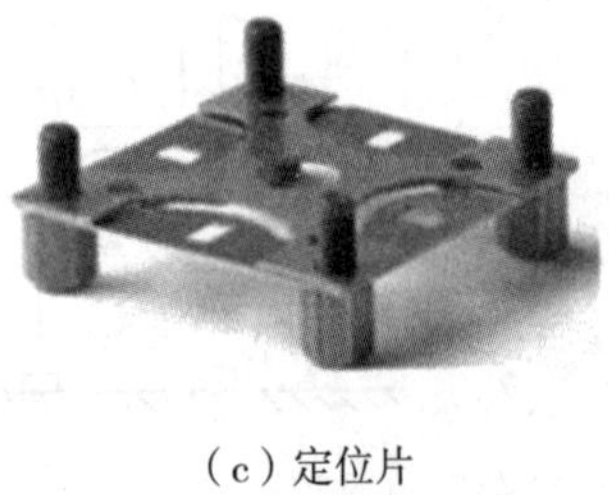

(c) 定位片

(d) 电极夹定位片

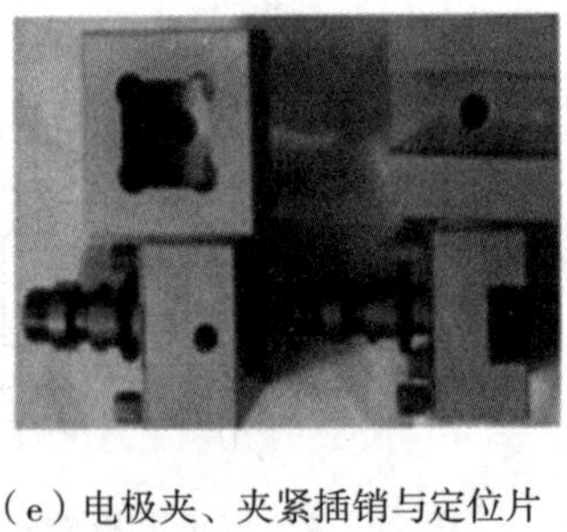

(e) 电极夹、夹紧插销与定位片

图 2 - 36　EROWA 快速夹具系统组成

3R 快速换装系统如图 2 - 37 所示。在自动装夹电极时，电极夹头的快速装夹与精确定位是依靠安装在机床主轴上的卡盘(卡盘内有定位的中心孔，四周有多个定位凸爪)来实现的。

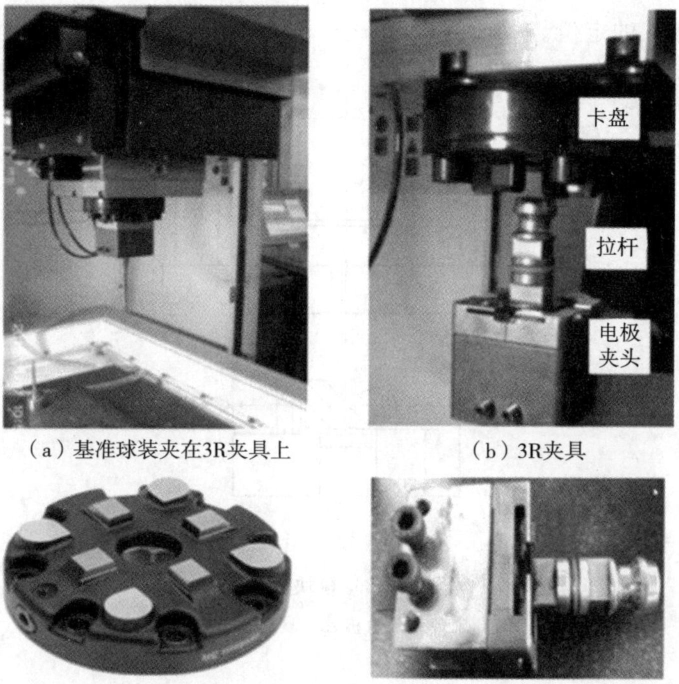

（a）基准球装夹在3R夹具上　（b）3R夹具

（c）卡盘　（d）电极夹头与拉杆

图 2-37　3R 快速换装系统

此类夹具系统除了在电火花、线切割加工机床上使用外，还可以在强度、刚度要求不高的车削、铣削、磨削等单件、小批和试制件的切削加工中使用。

2.5　工具电极的找正对刀

2.5.1　工具电极的常用找正方法

工具电极和工件均安装校正以后，需要进行找正对刀，以确定工具电极相对工件的坐标位置。

在电火花加工中的定位，指将已安装完成的电极对准工件的加工位置，以保证加工型孔或型腔在工件上的位置精度。在定位过程中需要一些专门的定位装置，以下介绍常用的定位装置的形式和使用方法。

1. 量块角尺法

准备工序中在工件 X 和 Y 轴方向的外侧表面预先磨出两个定位基准面，并根据图纸加工要求计算出电极至两基准面之间的实际距离 x 和 y。电极装夹后下降至接近凹模上表面，先用精密角尺与凹模定位基准面吻合，然后在角尺与电极之间垫入尺寸分别为 x 和 y 的量块，调整电极的位置使块规的松紧程度适宜，便可使工件与电极之间实现正确定位。量块角尺法如图 2－38 所示。这种方法操作简单、省时，适用于电极基准与工件基准互相平行的单型孔或多型孔加工的定位。

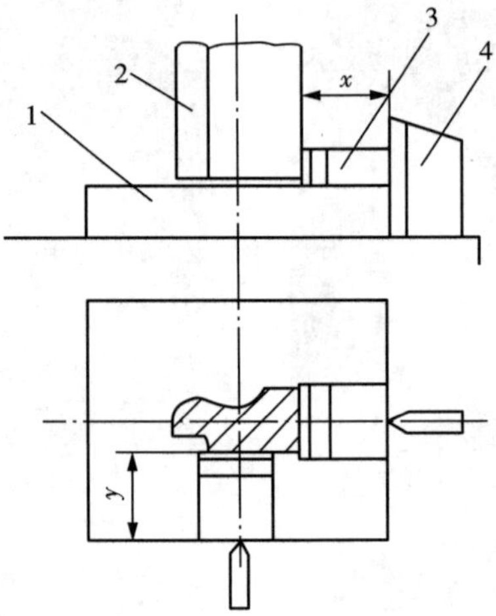

图 2－38　量块角尺法

1—工件；2—电极；3—量块；4—角尺

2. 测定器法

测定器中两个基准平面间的尺寸 z 是固定的，可配合量块和千分表进行定位。在工件外侧先磨出基准面，并根据加工要求计算出电极至基准面之间的距离 x，在测定器内垫入量块，尺寸为 $H=z—x$，然后靠上千分表使表头接触量块，并记下读数。找正定位时，将千分表靠在工件基准面上，表头接触电极，移动电极（工件）使千分表指示为原读数，这时定位尺寸即 x。测定器法如图 2－39 所示。此方法也应在相互垂直的两个方向上进行定位。

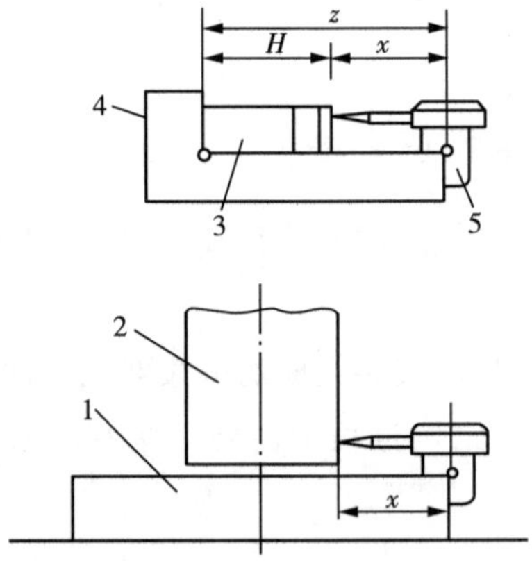

图 2－39　测定器法

1—工件；2—电极；3—量块 4 测定器；5—千分表

3. 角尺千分表法

角尺千分表法如图 2－40 所示。先在工件外侧磨出两个相互垂直的基准面，然后将其调整为与机床纵横拖板平行，并将工件固紧在机床工作台上；同时根据加工要求，计算电极至工件基面之间的距离 x 和 y。

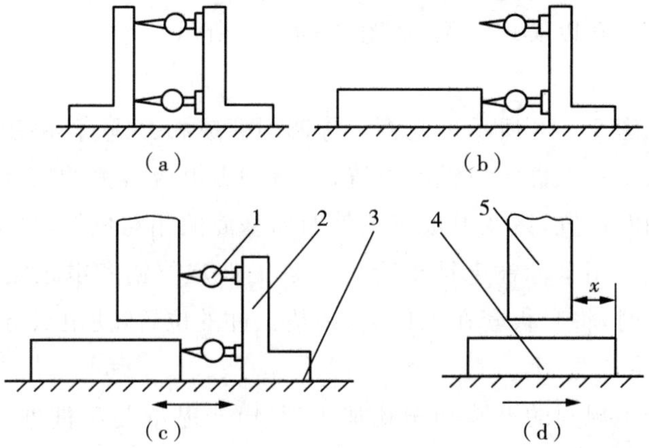

图 2-40　角尺千分表法

1—千分表；2—角尺；3—工作台；4—工件；5—电极

先将两只千分表装在精密角尺上，借助另一个精密角尺调整两只千分表的读数均在"0"位，如图 2-40(a)所示，然后用下面的千分表靠上已装夹的工件基准面，调整角尺的位置使千分表读数为"0"，如图 2-40(b)所示。移动工作台，使电极的基准面(电极基准面已调整与机床纵横拖板平行)与上面的千分表相靠并使其读数为"0"。此时电极与凹模的基准面处于同一垂直平面，如图 2-40(c)所示。最后移动工作台使电极至工件之间的相对位置为 x，即实现电极与工件在 X 方向的定位，如图 2-40(d)。

在 Y 轴方向上实现定位的方法与此相同。

4. 同心环(芯轴)定位法

当工件外侧为圆形且要求加工的孔和外圆同心时，则按电极和工件外径先制作一个同心环(工艺环)，以工件外径为基准，用同心环下孔与之配合定位。同心环(芯轴)定位法如图 2-41(a)所示。同心环的上孔比电极外径大 0.02～0.03 mm，调整工件的位置，使电极插入同心环上孔，且观察四周间隙均匀，便可使工件定位准确并加以紧固。先把同心环取下，再进行放电加工。

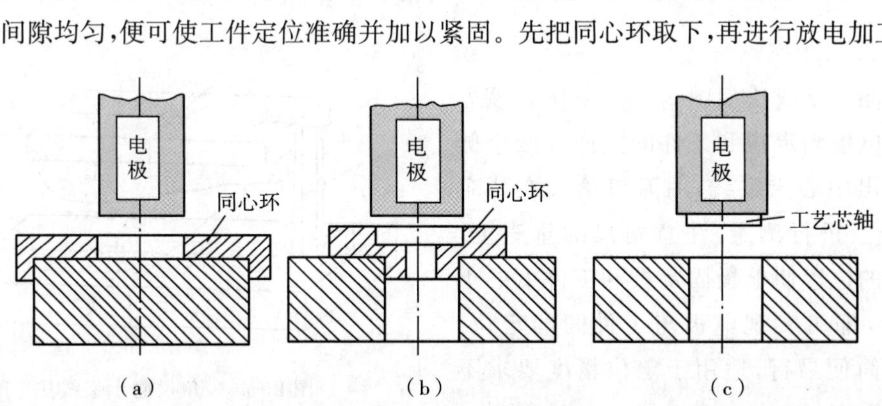

图 2-41　同心环(芯轴)定位法

当工件上有预制孔时，如图 2-41(b)所示，可按预制孔和电极外径制作同心环，以预制孔为基准，用同心环小外径与之配合定位。同心环的上孔比电极外径大 0.02～0.03 mm，调整方法与前述相同；也可在电极前端设置比凹模预制孔小 0.02～0.03 mm 的工艺芯轴，使工艺芯轴插入工件预制孔以实现定位，如图 2-41(c)所示。

5. 套板定位销法

套板定位销法如图 2-42 所示。先将工件四周磨成相互垂直，测出工件外形实际尺寸，根据此尺寸确定套板上各工件定位销的位置；然后测出电极有关的实际尺寸，根据此实际尺寸和多电极之间的相对位置，以及电极与工件四周基面的相对位置，计算出套板上各电极定位销的位置坐标；最后，用坐标镗床钻出套板上各工件定位销和电极定位销的孔，铰孔后装入定位销。找正定位时，将套板套在工件上，调整工件的位置，使电极导入定位销，电加工时将套板除去。

这种方法适用于不规则的型腔和型孔加工，且电极基准与工件外形基准不成平行或垂直关系时的定位。

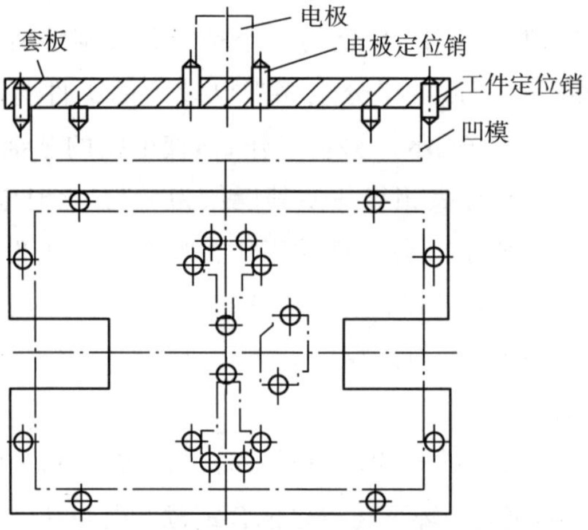

图 2-42 套板定位销法

6. 角尺测十字线法

角尺测十字线法如图 2-43 所示。该方法分别在电极固定板和工件的上面和两个侧面同时划出中心十字线，用刀口角尺在两个垂直方向上进行测量，注意角尺的垂直度。调整工件的位置使电极固定板和工件上的十字线重合，即可实现电极与工件间的定位。这种方法简便易行，适用于定位精度要求不高的型腔加工。

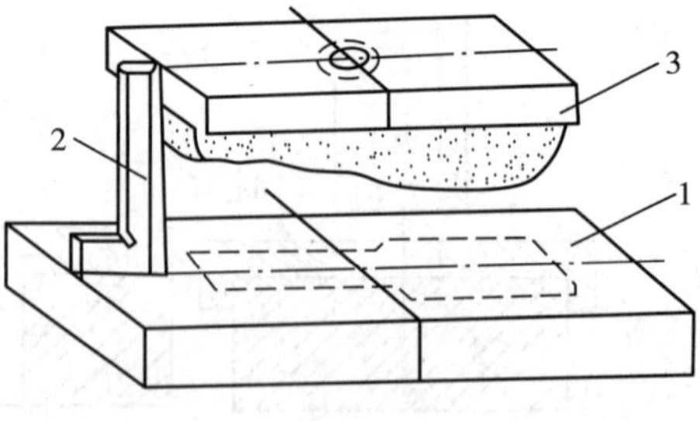

图 2-43 角尺测十字线法

1—工件；2—刀口角尺；3—电极固定板

2.5.2　利用机床的接触感知功能实现找正

此方法利用机床的接触感知功能，一般需通过机床数控系统的指令功能，编制找正程序来实现电极与工件之间的自动找正定位。其同样适用于数控电火花线切割机床。

1. 数控系统指令功能

数控电火花机床的 ISO 代码，主要由 G 指令代码(准备功能指令)和 M 指令代码(辅助功能指令)组成。数控电火花机床常用 ISO 代码指令见表 2-4 所列。

表 2-4　数控电火花机床常用 ISO 代码指令

代码	指令功能	代码	指令功能
G00	快速点定位	G81	移动到机床的行程极限
G01	直线插补	G82	回到当前位置与零点的一半处
G02	顺圆插补	G90	绝对坐标编程
G03	逆圆插补	G91	增量坐标编程
G04	暂停	G92	指定工件坐标原点
G17	平面选择 X—Y	M00	暂停
G18	平面选择 Z—X	M02	程序结束
G19	平面选择 Y—Z	M05	忽略接触感知
G20	英制	M08	旋转头开
G21	公制	M09	旋转头关
G40	取消电极半径补偿	M80	冲油、工作液流动
G41	电极半径左补偿	M84	接通脉冲电源
G42	电极半径右补偿	M85	关断脉冲电源
G54	工作坐标系 0	M89	工作液排除
G55	工作坐标系 1	M98	子程序调用
G56	工作坐标系 2	M99	子程序结束
G80	移动轴直到接触感知		

以上代码，绝大部分与数控铣床、数控车床的 ISO 代码相同含义，只有 G80、G82、M05 等在电火花加工中有特别的含义和作用。其具体用法如下。

G54 指令

一般的电火花成型加工机床和数控线切割加工机床和都可以指定多个工件坐标系，可以用 G54、G55、G56 等指令进行指定并实现在这些坐标系之间的切换。

在加工或找正过程中定义工作坐标系的主要目的是让坐标的数值更简洁。这些指定工作坐标系的指令可以与 G92 同时使用。它们之间的区别是 G92 指定工件坐标系位置的参照点为刀具的位置，而 G54 等指定工件坐标系位置的参照点为机床坐标零点。此外，用 G54 等指定的工件坐标位置不因停电而消失，这就为机床的加工控制带来了便利。

指定多个工作坐标系如图 2-44 所示，可以通过如下程序来指定不同的工件坐标系。

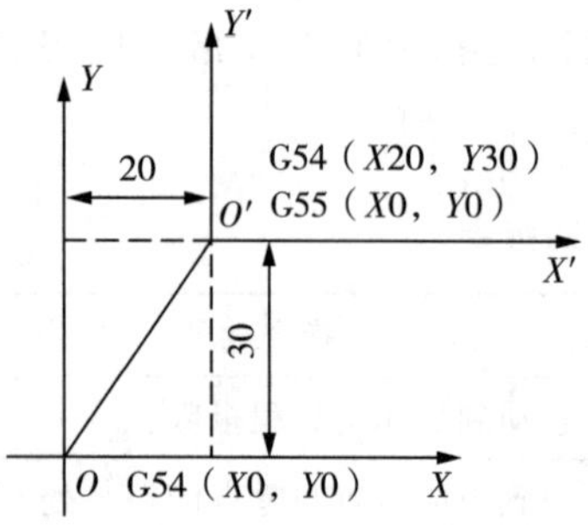

图 2-44 指定多个工作坐标系

```
G92  G54  X0  Y0
G00  X20.0  Y30.0
G92  G55  X0  Y0
```

该段程序的含义：首先以刀具（电极）当前所在 O 点指定为工作坐标系的零点，并将该工件坐标零点写入工件坐标 0(G54) 中，然后分别把 X、Y 轴快速移动 20 mm、30 mm 到达 O′，把该点指定为工作坐标系 1 的零点，并写入到 G55 中。这样就完成了两个工件坐标系的设定。

G80 指令

指令含义：接触感知。

指令格式：G80 轴及轴的方向。

例如：G80 X— / 电极先沿 X 轴的负方向前进，直到接触感知工件，然后停在那里。

G82 指令

指令含义：刀具（电极）移动到当前位置与原点的一半坐标处。

指令格式：G82 轴。

例如：G92 X100.0 / 指定工件坐标零点（X 方向），刀具相对工件坐标零点位于 X+100.0 处

G82 X / 将刀具（电极）在工件坐标系中移动到 X=50 mm 的位置。

M05 指令

指令含义：忽略接触感知，只在本段程序起作用。具体用法：当电极与工件接触感知停下后，若要轴运动，使用该指令忽略短路保护；加工中在可能出现短路的程序段后，也应使用此指令。

例如：G80 X- / 向 X 轴负方向接触感知。

G90 G92 X0 Y0 / 以刀具（电极）当前位置为工件坐标系原点（X、Y 方向）。

M05 G00 X10.0 / 忽略接触感知，且把电极向 X 轴正方向移动 10 mm。

若第 3 行无 M05 代码，则电极往往不动作，G00 不能执行（短路保护状态）。

2. 找正对刀示例

工件找正示例如图 2-45 所示，有 ABCD 矩形工件，采用电火花成型加工圆形型孔，型

孔中心在 O 点，AB、BC 边为设计基准，设计尺寸分别 40 mm、18 mm。已知圆形电极的直径为 20 mm，试编制自动找正程序使电极定位于 O 点。

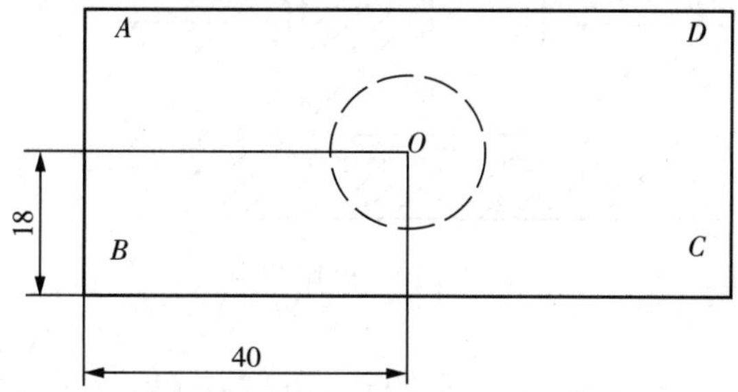

图 2-45　工件找正示例

首先将电极移到工件 AB 的左边，Y 轴位置大致与 O 点相同，电极下底面低于工件上表面的深度不超过 10 mm，然后执行如下程序：

```
G80 X+
G90 G92 X0
M05 G00 X-10.0
G91 G00 Y-38.0   /38 mm 为估计值，其目的是保证电极位于 BC 边的侧面
G90 G00 X50.0
G80 Y+
G92 Y0
M05 G00 Y-2.0   /电极与工件脱离短路，2 mm 表示为一小段距离
G91 G00 Z10.0   /将电极下底面移到工件上面
G90 G00 X50.0 Y28.0
G54 G92 X0 Y0   /Z 轴零点未指定
```

2.6　电火花加工过程控制

2.6.1　电蚀产物排除

电蚀产物的排除虽然是加工中出现的问题，但为了较好地排除电蚀产物，其准备工作必须在加工前做好。具体方法可根据工件和工具电极的具体情况选择。

1. 电极冲油

电极冲油如图 2-46 所示。在电极上开设冲油孔路，并强迫冲油是电火花型腔加工最常用的方法。冲油小孔直径一般为 $\phi 0.5 \sim \phi 2$ mm，可以根据需要开设一个或多个小孔。

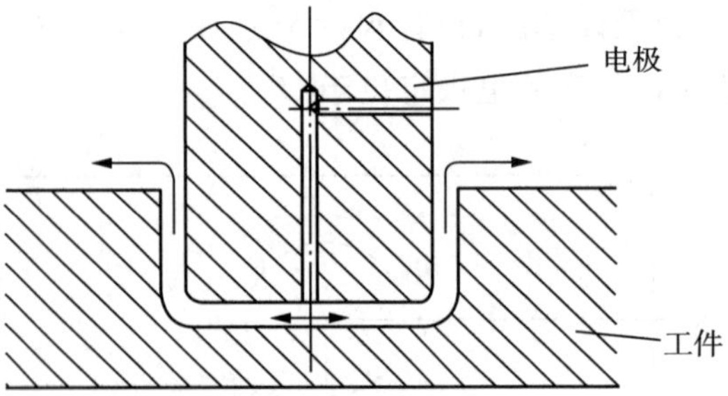

图 2-46 电极冲油

2. 工件冲油

工件冲油(如图 2-47 所示)是穿孔加工最常用的方法之一。由于穿孔加工时工件上一般有机械加工的预孔,因而具备冲油条件。型腔加工时如果允许工件加工部位开孔,则也可采用此方法。

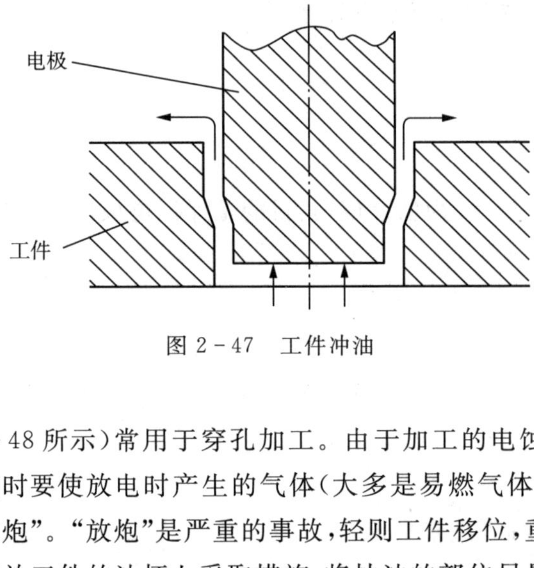

图 2-47 工件冲油

3. 工件抽油

工件抽油(如图 2-48 所示)常用于穿孔加工。由于加工的电蚀产物不经过加工区,因而加工斜度较小。抽油时要使放电时产生的气体(大多是易燃气体)及时排放,不能积聚在加工区,否则会引起“放炮”。“放炮”是严重的事故,轻则工件移位,重则工件炸裂、主轴头受到严重损伤。通常在安放工件的油杯上采取措施,将抽油的部位尽量接近加工位置,以及时抽走产生的气体。

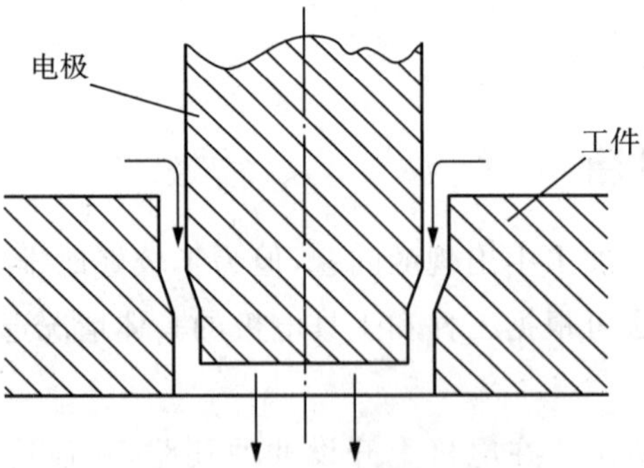

图 2-48 工件抽油

抽油的压力较小,工作介质流动稍慢,排屑效果不如冲油好。

电极冲、抽油对电极损耗的影响如图 2－49 所示。冲油和抽油对电极损耗的趋势有不同的影响,尤其是对排屑条件比较敏感的紫铜电极的损耗影响更为明显。所以,当加工中排屑条件较好时不用冲、抽油或通过交替循环使用冲、抽油以让工具电极的损耗保持均匀。

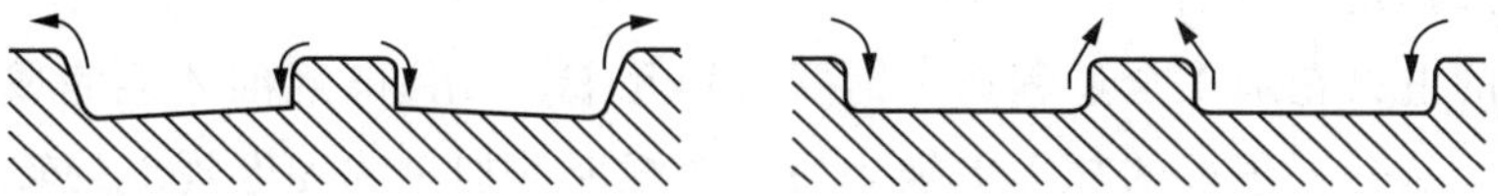

（a）电极冲油　　　（b）电极抽油

图 2－49　电极冲、抽油对电极损耗的影响

为实现工作液冲油或抽油的强迫循环,往往需要在工作台上安装使用油杯附件。油杯的侧壁和底边上开有冲油和抽油孔。电火花加工时,工作液会分解产生气体(主要是氢气)。这种气体如不及时排除,就会存积在油杯里,若被电火花放电引燃,则将产生"放炮"现象,造成电极与工件位移,给加工带来极大麻烦,影响被加工工件的尺寸精度。

使用油杯时要注意以下几点。

(1)油杯要有合适的高度,能满足加工较厚工件的电极伸出长度,在结构上满足加工型孔的形状和尺寸要求。油杯的形状一般有圆形和长方形两种,都应具备冲、抽油的条件。为防止在油杯顶部积聚气泡,抽油的抽气管应紧挨在工件底部。

(2)油杯的刚度和精度要好。根据加工的实际需要,油杯的两个端面不平度不能超过 0.01 mm;同时密封性要好,防止出现漏油现象。

(3)油杯底部有抽油孔,如底部安装不方便,可安置在底部侧面,也可省去抽气管和底板,而直接安置在油杯侧面最上部。

4. 开排气孔

大型型腔加工时经常在电极上开排气孔。该方法工艺简单,虽然排屑效果不如冲油,但对电极损耗影响较小。开排气孔在粗加工时比较有效,而精加工时则需采用其他排屑办法。

5. 抬刀

工具电极在加工中边加工边抬刀是常用的排屑方法之一。通过抬刀,电极与工件间的间隙加大,液体流动加快,有助于电蚀产物快速排除。

抬刀有两种情况:一种是定时的周期抬刀,目前绝大部分电火花机床具备此功能;另一种是自适应抬刀,可以根据加工状态自动调节进给的时间和抬起的时间(即抬起高度),使加工正好一直处于正常状态。自适应抬刀与自适应冲油一样,在加工出现异常时才抬刀,正常加工时则不抬刀。显然,自适应抬刀对提高加工效率有益,减少了不必要的抬刀。

6. 电极的摇动或平动

电火花加工中电极的平动或摇动加工从客观上改善了排屑条件。排屑效果的改善与电极平动或摇动的速度有关。

2.6.2 电规准选择与转换

电火花加工中所选用的一组脉冲电源的参数组合称为电规准。电规准应根据工件的加工要求、电极和工件材料、加工的工艺指标等因素来选择。

电规准的选择是否恰当，不仅影响工件的加工精度，还直接影响加工的生产率和经济性。一个零件的电火花加工全过程通常需要选用几个(一组)电规准才能完成。电规准分为粗、中、精三种。从一个规准的加工更换到另一个规准的加工称为电规准的转换。

电火花加工规准的选择与转换常用机床生产厂家提供的参考数据(这些数据主要通过电火花加工工艺试验来获得。试验一般由机床厂家在电火花机床的生产调试过程中进行，并将优化后的加工试验数据提供给机床的使用者，以方便机床的操作)。具体可参见各电加工机床的操作说明书。

1. 电火花穿孔加工

电火花穿孔加工必须根据工件的技术要求、电极与工件的材料及加工经济性等，确定合理的加工电规准，并在加工中正确及时地转换。一般粗规准的主要电脉冲参数(脉冲宽度、峰值电流等)均较大，中、精规准则较小。通常在对凹模型孔加工的各阶段，要用几个电规准转换方能完成。一般是先采用粗规准加工，再逐步转换成中、精规准的加工。

(1)粗规准加工

要求粗规准能以较高的加工速度加工出型孔的成型表面。它的生产率高、电极损耗率小。一般选用较大的脉冲宽度($T_{ON}=20\sim60$ us)、较大的峰值电流，表面粗糙度 Ra 可达 10～20 um。

(2)中规准加工

继粗规准加工后，可将加工余量再一次减少，便于后续精规准的加工及加工精度的提高，增强加工的稳定性。一般中规准加工采用的脉冲宽度为 $T_{ON}=6\sim20$ us，加工的表面粗糙度可达 $Ra=10\sim2.5$ um。

(3)精规准加工

精规准加工用于精加工。其采用较窄的脉冲宽度($T_{ON}=2\sim6$ us)、较小的峰值电流、有较高的脉冲频率。加工后可达到凹模的设计尺寸和技术要求。

粗，中、精规准的合理配合，既可提高生产率，又能保证加工质量。电规准转换的程序：先按选定的粗规准加工；当其加工结束时，转换为中规准；加工 $l=2$ mm 深度后，再转入精规准加工；若精规准有多档，还应依次进行转换。

在电规准转换时，应注意冲油压力等其他工艺指标的相应调整。由粗规准转换到精规准加工的过程中，冲油压力应逐渐增大；当电极穿透工件时，冲油压力又要适当降低。

2. 电火花型腔加工

电火花型腔加工的电规准选择主要取决于加工方法和工艺要求。当采用单电极平动法时，应先选用低损耗、高生产率的粗规准，一次加工成型并留 0.3～0.4 mm 的余量；再用中规准修型，并留 0.01～0.05 mm 的余量，供精规准修光表面。

(1)粗规准

用于粗加工，要求电极损耗小和加工生产率高。这时应优先考虑采用较宽的脉冲宽度($T_{ON}>500$ us)，然后选择较高的脉冲峰值电流(20～60 A)，用负极性进行加工。但应注意加工电流与加工面积之间的关系，一般用石墨电极加工钢件的电流密度可选为 3～5 A/cm^2，用紫铜电极电流密度可稍大些。

(2)中规准

一般选用的脉冲宽度为 $T_{ON}=20\sim400$ us，电流峰值为 10～25 A。其加工表面粗糙度可达 $Ra=5\sim2.5$ um。

(3)精规准

加工余量很小，一般不超过 0.1 mm。表面粗糙度可达 $Ra=2.5$ um。一般选用窄脉冲($T_{ON}=2\sim20$ us)、小峰值电流(小于 10 A)进行加工。虽然电极损耗率在此时较大(约为 20%)，但由于加工余量很小，因此电极的绝对损耗很小。

(4)电规准的转换

加工规准转换的档数应根据所加工型腔的精度、形状复杂程度和尺寸大小等具体条件确定。对于尺寸小、形状简单的浅型腔加工，规准转换的档数可少些；而对于尺寸大、型腔深、形状复杂的型腔，转换的档数要多一些。粗规准加工时，一般只选 1 个档次；中、精规准加工时，选 2～4 个档次。

(5)平动量分配

单电极平动法加工的一个关键问题是平动量的分配。型腔侧壁是靠电极平动来修光的，因而平动量的分配取决于被加工表面修光余量的大小及电极损耗等因素。

因用粗、中、精各档电规准进行加工所产生的放电凹坑深度不同，为了保证表面粗糙度和生产率的要求，精加工产生的电蚀凹坑底部应和粗加工的电蚀凹坑底部平齐。这样既达到了精修的目的，又使中、精加工时蚀除的金属量为最小。

平动量计算说明简图如图 2-50 所示。

平动量＝粗加工的放电间隙＋各次规准的电极损耗之和－精加工放电间隙

电极的平动量不能按电规准的档数平均分配。一般中规准加工的平动量为总平动量的 75%～80%，端面进给量为端面余量的 75%～80%。在中规准最后一档加工完成后，必须测量型腔的尺寸，并按测量结果调整平动头偏心量的大小，以补偿电极损耗和保证加工余量。精规准加工时只留较小的平动量及很小的加工余量进行修光。

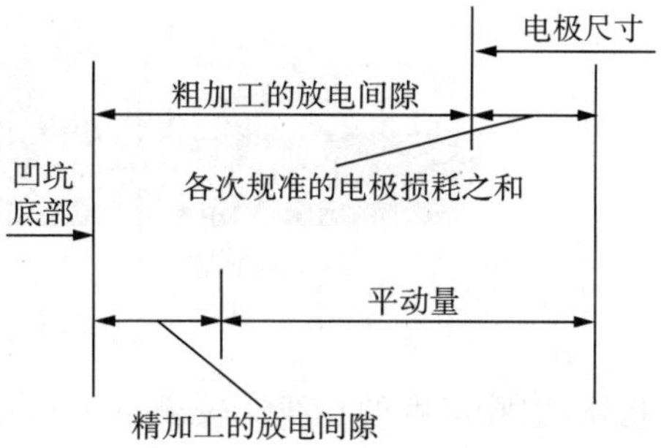

图 2-50　平动量计算说明简图

电极的平动量每档宜采用微量调整和多次调整相结合的方法。每增加一次平动量,必须使电极在型腔内上、下往返多次进行调整。平动速度不宜太快,要使型腔表面与电极没有碰撞、短路。先待充分放电加工完成后,继续加大平动量,直至加工到本档规准应该达到的表面粗糙度后,再转入下一规准的加工。

对数控电火花成型机床来说,电规准的选择通过条件指令来指定。例如,C107(沙迪克)或 E9910(三菱),代码字 C 或 E 后的数字代号即代表了一组加工电参数的组合,规准的转换只需改变代码字后的数字代号即可实现。具体选择方法详见机床随机文件的说明。

2.6.3 型腔加工深度控制

为了保证各规准(加工条件)型腔的加工深度,必须在线测量型腔的加工深度,测量一般采用比较测量的方法。

测量时为了保证测量数据的精度,通常采用百分表或千分表进行测量操作。加工深度比较测量如图 2-51 所示。测量方法:首先将百分表座固定在机床主轴上,下降 Z 轴,使百分表(千分表)探针充分接触到工件的上表面(测量基准面),并转动百分表(千分表)刻度盘,使百分表(千分表)指示针指向 0 刻度(其目的是便于记忆),如图 2-51(a)所示,记下机床 Z 轴坐标的值;然后将机床主轴抬起,移动机床工作台使百分表(千分表)处于加工型腔的测量位置,再次下降 Z 轴,使百分表(千分表)探针逐步接触型腔加工表面,并使指示针再次指向 0 刻度,如图 2-51(b)所示,记下此时机床 Z 轴坐标的值。将两次 Z 轴坐标的值相减即得型腔的深度尺寸。

(a) 测量基准面　　(b) 测量工件加工表面

图 2-51　加工深度比较测量

此外,型腔深度的在线比较测量也可使用读数百分表进行。其操作过程与上述方法相反,即先将读数百分表在型腔测量部位对零,并记下机床 Z 轴坐标值,抬升机床主轴后移动机床工作台,再将读数百分表对准测量基准面(工件上表面),使机床 Z 坐标再次到达记下的坐标值,从百分表上即可直接读出型腔的深度尺寸。使用此方法时应注意读数百分表的行程范围与型腔的深度要相适应。

2.6.4　电火花加工表面质量控制

型腔加工的表面质量异常问题一般有积碳及表面粗糙度不符合要求、表面变质层过厚、毛边、塌角等。

1. 表面积碳

积碳是表面质量异常中最严重的问题，对模具零件产生破坏性的效果。它是电火花加工中放电异常的结果。电火花加工中发生积碳的情形如下。

(1)精加工中，也就是在加工电流较小的加工情况下。粗加工时由于放电能量大，火花间隙大，排屑效果较好，往往能实现较为稳定的加工；精加工则恰恰相反，较易出现放电不稳定、拉弧的现象。

(2)大面积电极加工和尖、小电极加工情况下。这两种情况下较易发生积碳。前者是因为放电面积大、放电能量分布不均匀而较易发生集中放电；后者是因为放电面积太小，过大的放电能量密度导致拉弧。

(3)深孔加工情况下。对于深度较大的不通孔加工，由于排屑条件极差，较易发生积碳。

调节参数对防止积碳具有很大的作用。抬刀参数是加工的基本参数，需要合理控制抬刀动作。如果放电时间过长、抬刀高度太低，容易导致加工积碳。精加工放电条件中的抬刀参数显得更为重要。深孔加工时，放电时间和抬刀高度两项参数至关重要，否则导致积碳，甚至出现加工不动的情况。

在放电非常不稳定的情况下，应该将脉冲间隔适当增大，视加工情况适当减少脉冲宽度。粗加工中，在加工面积小时，注意峰值电流不要过大。一般加工不建议修改脉冲主参数，如脉冲宽度、脉冲间隙、放电管数等。在特殊加工情况下，可以修改脉冲主参数，防止积碳现象的发生。

大电极精加工中的底面留量和平动量不能太大，因在弱加工条件下，精加工排屑不好，加之电极在较长时间的精加工情况下易疲劳，如果需要蚀除掉较多的加工量则易导致积碳，并且也极大地降低了加工效率。在满足表面粗糙度的情况下，应尽量减少余量。

冲油方式也有很大影响。不适当的冲油方式、冲油压力使电蚀物无法顺利排出，使放电状态很不稳定而引起电弧放电。一般采用的冲油方式是下冲油，使开口部位冲油、淋油等。充油压力控制在接近加工的临界压力范围内，采用的火花油应较为清洁。

加工中如果发现加工状态不好，应考虑到放电加工部位是否有过多的电蚀产物，此时应暂停加工，清理电极和工件表面。例如，用细砂纸轻轻研磨后再重新加工。如果已经出现了积碳表面，这一步操作就非常重要。只有将拉弧产物清除干净，才能继续进行加工，否则根本无法继续加工。整个加工过程中要随时监控加工稳定状况，通过看火花、听声音、观察电流、电压表来评定，对加工中的异常现象及时采取相应的措施。

2. 表面粗糙度值过大

加工完成的表面粗糙度不符合要求是表面质量异常的常见问题。一些精密部位通常要求先加工出很细微的表面再采用抛光处理。如果加工表面粗糙将会增大抛光量，影响加工形状、尺寸精度。还有一些产品是要求表面有火花纹的，这就要求加工出来的表面粗糙度符合要求、整体均匀。

电规准选择不当和冲油因素是产生表面粗糙度不符合要求的重要原因。另外，其还受电极表面粗糙度、电极材料、加工留量等因素的影响。电极表面粗糙度直接影响加工表面的表面粗糙度。加工时是将电极的表面复制到工件表面，因此精加工的电极通常都要抛光处理。

电极材料质量差、组织不均匀、含杂质等会使加工出来的工件表面粗糙度不均匀，达不到预定要求，应该根据加工部位的要求合理选用电极材料。

粗加工的加工留量对精加工效果的影响很大。如果留得太少，会产生精加工修不光的现象。一般粗加工后为精加工留 0.15 mm 进行修光。大电极比小电极可适当少留一些。对多个形状尺寸完全相同的型腔加工时，应该及时更换电极，因为电极在加工多个部位以后，其表面质量会变差，使加工的各型腔工件表面粗糙度依次变差。

3. 表面变质层过厚

放电过程中产生的瞬时高温、高压，以及工作液快速冷却作用，使工件在放电加工结束后产生与原材料性能不同的表面变质层。一般情况下，表面变质层对加工结果的影响是不利的。尤其是表面变质层过厚，会使加工表面耐磨性、耐疲劳性大大降低，对工件使用寿命产生不利的影响。表面变质层过厚一般发生在加工部位面积比较小的地方，因为这些加工部位的放电能量密度极大。例如，加工出的部位有小凸形的话，在粗加工中也不能使用大的电流，过大放电能量的热影响会影响工件的表面质量。

4. 毛边与塌角

使用石墨电极加工时，有可能会出现加工口部存在凸起的毛边或者塌角的异常问题。毛边与塌角如图 2－52 所示。电火花加工的原理是利用加工中产生的高温将材料熔化，抛离被加工面而达到复制电极形状的目的。可以根据这个原理来解释产生异常问题的原因。使用石墨电极可以承受大电流加工，在大电流加工条件下，被蚀除的材料量很多，需要及时被排走，电极和工件之间的温度要及时能够恢复正常。如果被腐蚀的材料没有被及时排走，加之工作区还有很高的温度，一部分被蚀除的材料在排出型腔的时候粘附在加工的口部，在加工中将累积形成类似毛边的加工缺陷；同时，由于排渣不及时，产生的二次放电可能会将口部的尖角变成塌角。

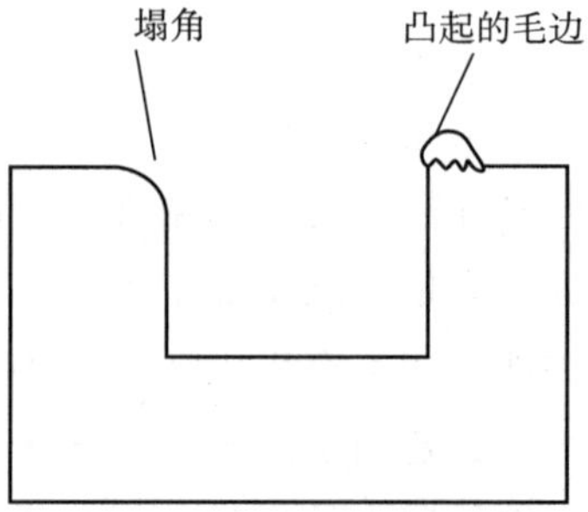

图 2－52　毛边与塌角

解决上述问题的措施：在一定的加工面积下，放电能量不能过大，以便保证被蚀除的材料能够及时从加工区排走。粗加工在浸油加工的同时，一定要加侧向冲油，并且要保证有一定的冲油压力，使蚀除的材料能顺利、均匀地排走。加工开始阶段，先不要用大电流进行加工，待加工进入稳定状态后再加大放电电流。为了保证加工区被蚀除的材料能够及时排走，调整加工参数也显得尤为重要，如将脉冲宽度减小、抬刀高度降低、脉冲间隙增大等。

加工中要注意观察，及时清理加工部位残余的加工屑。

2.7　电火花加工训练

2.7.1　有关的背景材料

1. 训练要求

(1)分析校徽型腔镶件图纸和加工工艺过程卡片，明确校徽型腔镶件零件的加工要求并分析加工的工艺问题，提出解决措施；

(2)选择型腔镶件的加工方法，制定校徽型腔镶件的电火花加工工艺；

(3)按加工工艺要求，设计镶件型腔电火花加工的工具电极；

(4)电极的制作与装调；

(5)校徽型腔镶件在电火花机床上的装夹与找正；

(6)电火花加工电规准的规划与选择；

(7)实际操作电火花机床，对校徽型腔镶件进行加工，并调节放电的进给速度与工作液的冲液，保持放电过程正常稳定，合理控制进给深度；

(8)校徽型腔镶件放电加工完成后，进行清洗并检测加工的质量，形成加工质量分析报告。

2. 有关的工艺图表

在进行电火花加工工艺设计时，应参阅机床随机文件提供的各种电火花加工工艺参数，以这些工艺图表提供的加工工艺参数作为电极(尺寸)设计、放电工艺过程安排和电加工规准选用的依据。

这些工艺图表一般数量巨大，且各机床厂家间差别很大。下面以某公司的设备(SPZ系列)为例，铜打钢加工部分参数表(加高压260V+90V、负极性加工)、铜打钢加工部分参数表(不加高压90V、负极性加工)、放电截面积与放电电流参考值见表2-5、表2-6及表2-7所列。

表2-5　铜打钢加工部分参数表(加高压260V+90V、负极性加工)

高压电流(A)	低压电流(A)	脉冲宽度(us)	脉冲间隔(us)	间隙平均电压(V)	表面粗糙度(um)	电极损耗(%)	生产效率(mm^3/min)	放电间隙(双边、mm)	
								δ_{min}	δ_{max}
0.1	1.5	2	16	80	1.2	80	<1	0.04	0.052
0.2	3	2	16	80	1.4	65	<1	0.045	0.059
0.2	4.5	2	16	80	1.6	60	0.8	0.05	0.066
0.2	6	2	16	80	1.8	50	1.5	0.055	0.073
0.6	9	2	50	80	2.0	55	2.0	0.057	0.077
0.6	12	2	50	80	2.2	45	3.0	0.06	0.082

（续表）

高压电流（A）	低压电流（A）	脉冲宽度（us）	脉冲间隔（us）	间隙平均电压（V）	表面粗糙度（um）	电极损耗（%）	生产效率（mm^3/min）	放电间隙（双边、mm）	
								δ_{min}	δ_{max}
1.5	15	2	50	80	2.5	42	4.5	0.065	0.09
1.5	15	6	50	70	3.5	30	12	0.085	0.12
1.5	15	10	50	70	4	28	20	0.12	0.16
1.5	15	15	50	70	4.5	25	25	0.15	0.195
1.5	15	20	50	70	5	18	30	0.18	0.23
1.5	15	30	50	60	5.6	12	38	0.21	0.266
1.5	15	45	100	60	6.3	10	45	0.23	0.293
1.5	15	60	100	60	7	7	55	0.25	0.32
1.5	15	90	100	60	8	6	60	0.27	0.35
1.5	15	120	150	60	9	5	65	0.28	0.37
1.5	15	150	150	60	10	4.5	65	0.29	0.39
1.5	15	200	200	60	11.2	4	70	0.31	0.422
1.5	15	300	200	60	12.6	3	72	0.33	0.456
1.5	15	400	200	60	14	2	75	0.34	0.48
1.5	15	500	300	60	16	2	78	0.35	0.51
1.5	21	500	300	60	18	2	90	0.4	0.58

表 2-6　铜打钢加工部分参数表（不加高压 90V、负极性加工）

高压电流（A）	低压电流（A）	脉冲宽度（us）	脉冲间隔（us）	间隙平均电压（V）	表面粗糙度（um）	电极损耗（%）	生产效率（mm^3/min）	放电间隙（双边、mm）	
								δ_{min}	δ_{max}
0	1.5	2	2	50	1.0	8	0.5	0.036	0.046
0	1.5	4	2	50	1.1	6.5	0.7	0.038	0.05
0	1.5	6	2	50	1.1	5	1.0	0.04	0.052
0	1.5	8	2	50	1.2	4	1.5	0.042	0.054
0	1.5	10	2	50	1.4	3	2	0.046	0.06
0	1.5	20	2	50	1.8	2	3.5	0.056	0.074
0	1.5	30	2	50	2.0	1.5	3	0.06	0.08
0	1.5	60	2	50	2.5	—	1.5	0.07	0.095
0	3	2	2	45	1.2	12	1	0.045	0.06
0	3	4	2	45	1.4	10	2	0.048	0.063
	3	6	2	45	1.6	9	2.8	0.05	0.065
	3	8	2	45	1.6	7	4	0.052	0.07
	3	10	2	45	1.8	6	5	0.055	0.073
	3	20	2	45	2.2	2.5	8	0.065	0.087
	3	30	2	45	2.5	1.5	8.5	0.07	0.095
	3	60	2	45	3.2	0.5	6	0.08	0.112

表 2-7　放电截面积与放电电流参考值

放电截面积（mm^2）	电流参考值(A)	
	电极材料与极性接法	电极材料与极性接法
	铜(+)　铜钨合金(+)	石墨(+)　石墨(−)
0～10	3～6	3～6
10～25	6～12	6～12
25—100	12—45	12—21
100～400	21～60	21～45
400～1600	21～60	45～60
1600～6400	21～60	60～120
6400 以上	21～60	120

3. 电加工放电条件设定与选择

电火花加工前应根据加工要求选取合适的放电加工条件，以实现从粗加工、中加工到精加工的全过程电规准自动转换控制。加工条件设定界面如图 2-53 所示。

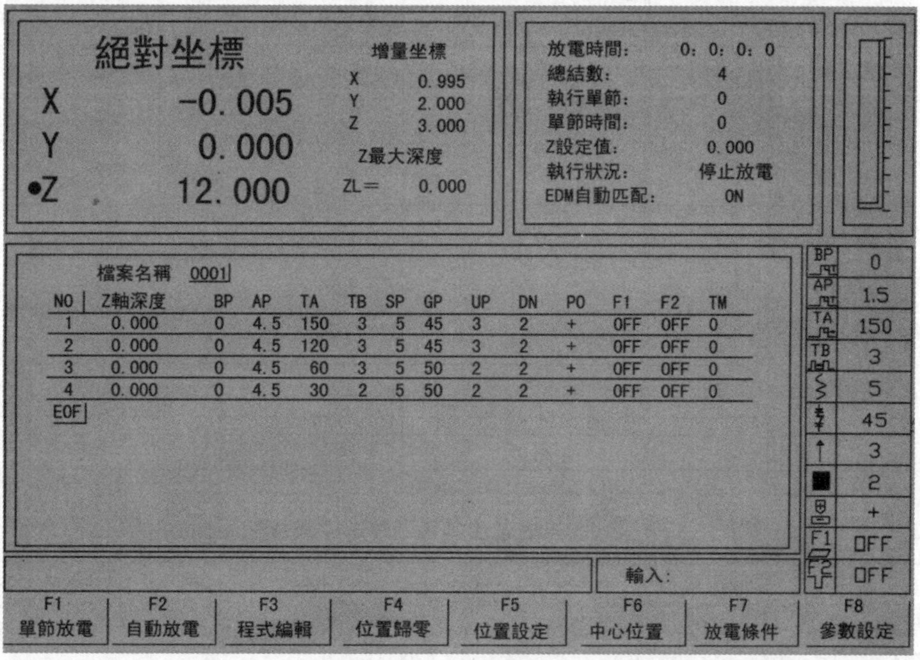

图 2-53　加工条件设定界面

此外，需注意加工条件中设定的各值有些只是加工条件的数字代码，而非该参数的实际值。放电电流对照表见表 2－8 所列，脉冲时间对照表见表 2－9 所列，放电加工条件推荐表见表 2－10 所列。

表 2－8 放电电流对照表

BP 高压(260V)电流			AP 低压(90V)电流					
序号	电流(A)	代码	序号	电流(A)	代码	序号	电流(A)	代码
1	0	0	1	0	0	7	12	12
2	0.2	1	2	1.5	1.5	8	15	15
3	0.6	2	3	3	3	9	21	21
4	1.5	3	4	4.5	4.5	10	30	30
5	2.9	4	5	6	6	11	45	45
6	4.3	5	6	9	9	12	60	60

表 2－9 脉冲时间对照表

TA(脉冲宽度)						TB(脉冲间隔)		
序号	脉宽(us)	代码	序号	脉宽(us)	代码	序号	脉间(us)	代码
1	2	2	10	200	200	1	2	1
2	4	4	11	300	300	2	8	2
3	8	8	12	400	400	3	16	3
4	15	15	13	500	500	4	50	4
5	30	30	14	700	700	5	100	5
6	60	60	15	900	900	6	150	6
7	90	90	16	1200	1200	7	200	7
8	120	120	—	—	—	8	300	8
9	150	150	—	—	—	9	400	9

表 2－10 放电加工条件推荐表

序 号	高压电流 BP(代码)	低压电流 AP(代码)	脉冲宽度 TA(代码)	脉冲间隔 TB(代码)	SP (代码)	GP (代码)	上升时间 (代码)	下降时间 (代码)
1	0	30	700	3	7	4	3	5
2	0	21	600	3	7	4	3	5

（续表）

序 号	高压电流 BP(代码)	低压电流 AP(代码)	脉冲宽度 TA(代码)	脉冲间隔 TB(代码)	SP (代码)	GP (代码)	上升时间 (代码)	下降时间 (代码)
3	0	15	500	3	7	4	3	5
4	0	12	400	3	6	4	3	4
5	0	9	300	3	6	4	3	4
6	0	6	200	3	6	4	3	4
7	0	4.5	150	3	6	4	3	4
8	0	4.5	90	3	6	4	3	3
9	0	4.5	60	3	6	4	3	2
10	1	4.5	30	3	5	4	2	2
11	0	4.5	15	3	5	4	2	1
12	0	3	120	3	5	4	3	3
13	0	3	60	3	5	4	3	3
14	0	3	30	3	5	4	2	2
15	0	3	15	2	5	4	2	2
16	0	3	8	1	5	4	2	2
17	0	1.5	15	2	5	4	2	2
18	0	1.5	8	1	5	4	2	2
19	0	1.5	4	1	5	4	2	2
20	2	0	15	2	5	9	2	2
21	2	0	8	1	5	9	2	2
22	1	0	2	1	5	9	2	2

注：序号 1—7 为低损耗粗加工放电条件；序号 8—11 用于大面积精修条件转换；序号 12—22 用于小面积精修条件转换。例如，从序号 6 开始粗加工，则可按 7—12—14—18—22 号加工条件依次进行精修加工。

4. 操作指南

(1)加工准备

选用单电极进行电火花成型加工。

(2)工件准备

将工件去除毛刺、磁、锈；工件安装、校正。

(3)电极准备

电极材料选用锻造过的紫铜，以保证电极加工质量及加工表面粗糙度。电极的结构设计要考虑电极的装夹与校正。电极结构如图 2-54 所示。

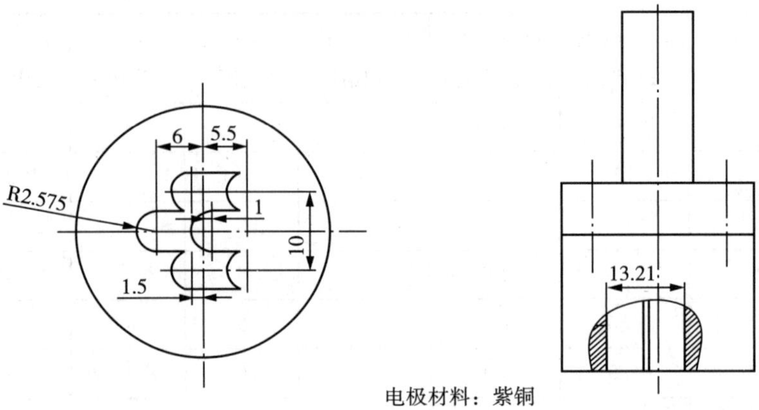

电极材料：紫铜

图 2－54　电极结构

(4)电极找正

(5)电火花加工的操作步骤

① 设定工件坐标;根据图样尺寸,将电极移至加工位置,关好工作油槽侧壁。

② 编辑加工程序,设置放电参数(EDM 放电参数见表 2－11 所列),考虑电极在加工时有损耗,Z 轴加工深度初始设置 4 mm,加工过程中根据测量实际尺寸再修改。

表 2－11　EDM 放电参数

NO	Z 轴深度	BP	AP	TA	TB	SP	GP	UP	DN	PO	BP	F1	F2	TM
1	3.2	0	4.5	90	3	5	45	3	3	+	0	OFF	OFF	0
2	3.4	0	3	60	3	5	50	3	2	+	0	OFF	OFF	0
3	3.9	0	1.6	30	2	5	50	2	2	+	0	OFF	OFF	0
4	4.0	2	0	30	2	5	50	2	2	+	0	OFF	OFF	0

③ 按操作板上的“进油”按键,将工作液槽放油拉杆提起旋转 90°后打开,使液槽内的火花油流入油箱内,使油位达到指定高度即液面约高于工件面 5 mm。

④ 按下 ZNC 键盘上的“F2 自动放电”和手控盒上的“放电”按键,此时“油位”保护开关的指示灯闪烁,油到指定位置开始加工。

⑤ 当电火花成型机床在放电中要修改 EDM 放电条件时,可按“F7”放电条件按键,光标自动跳到 EDM 放电参数显示框,使用上下光标按键移动到需要改的条件、使用左右按键增加或减少,所修改的参数会随时被送到放电系统。在加工中自动及单节放电功能均可随时修改放电参数。

在加工中要修改放电参数,可以先将 Z 轴抬起,修改后按“F2 自动放电”和手控盒上的“放电”继续加工。

⑥ 加工结束后,机床 Z 轴自动抬起,停止加工;同时蜂鸣器报警(按“Z ↑ ”)按键可消除

报警，按下“关油(OFF)”按键并抬升主轴。

⑦ 取出工件，检验。

2.7.2　电火花加工通用工艺规范

(1)操作者必须根据机床使用说明书，熟悉机床的性能加工范围和精度，并要熟练地掌握机床及其数控装置和计算机各部分作用及操作方法。

(2)机床在断电或者出现故障后，重新启动各开关控制电气部分时，按规定进行预热；X、Y 和 Z 轴回到机床的机械零点。平时在加工过程中，不需进行预热或回零点工作。电火花机床必须在所有其他机床都启动 15 min 后再开启。

(3)开动机床使其运转，并检查各开关，按钮、旋钮和手柄灵敏性及润滑系统是否正常。

(4)检查冷却水源的供应。

(5)检查气压是否在 0.6～0.8 MPa。

(6)检查室内温度是否在 28℃以下、机床油温在 35℃以下。

(7)充分了解被加工工件的加工内容及加工要求。

(8)检查工件的检验结果，了解工件在前面加工工序出现的问题及与本次加工有关的数据。当工件存在问题时要向工艺员反映，并于解决后再加工。

(9)考虑工件的装夹及加工关系，确定合理的加工方案。

(10)测量电极，根据实际尺寸和理论尺寸的差异，修正电极的火花间隙，同时检查电极尺寸是否与工件干涉。

(11)将工件上的油污及铁屑清理干净后，才能将其放在机床工作台上。

2.7.3　电火花机床安全操作规程

(1)电火花机床应设置专用的地线，使机床的床身、电器控制柜的外壳及其他设备可靠接地，防止因电器设备的损坏而发生触电事故。

(2)操作人员必须穿好防护用品，如必须穿皮鞋；电火花机床在放电加工中，严禁用手触摸电极，以免发生触电危险；操作人员不在现场时，不可将机床放置在放电加工状态(EDM灯亮)；放电加工过程中，绝对不允许操作人员擅自离开。

(3)经常保持机床电器设备清洁，防止因受潮而降低设备的绝缘强度，从而影响机床的正常工作。

(4)添加工作液时，不得混入某些易燃液体，防止因脉冲火花而引起火灾。油箱中要有足够的油量，控制油温不超过 50℃；若温度过高时，应该加快工作液的循环以降低油温。

(5)加工时，可喷油加工，也可浸油加工。喷油加工容易引起火灾的发生，应小心。浸油加工时，加工液全部浸没工作，工作液的液面一定高于工件 40 mm 以上。液面过低或加工电流较大，都有可能导致火灾的发生。意外发生火灾的原因如图 2-55 所示。

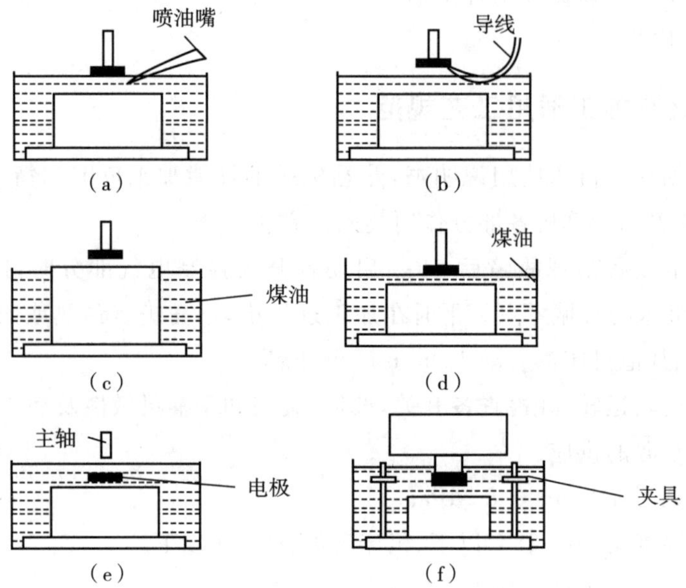

图 2－55　意外发生火灾的原因

图 2－55(a)所示为电极和喷嘴相碰引起火花放电；图 2－55(b)所示为绝缘外壳多次弯曲意外破裂的导线和夹具间发生火花放电；图 2－55(c)所示为加工的工件在工作液槽中位置过高；图 2－55(d)所示为加工液槽中没有足够的工作液；图 2－55(e)所示电极和主轴连接不牢固，意外脱落时，电极和主轴之间发生火花放电；图 2－55(f)所示为电极的一部分和工件夹具产生意外的放电，并且放电又在极为接近液面的地方发生。

(6)放电加工过程中，不得将 PVC 喷油管或橡胶管触及电极；同时应注意控制好放电电流，避免加工过程中产生拉弧和积碳现象。

(7)机床周围应严禁烟火，并应配备适宜油类的灭火器或灭火沙箱。目前，大多机床在主轴上均安装了灭火器和烟气感应报警器，实现自动灭火。一旦火灾发生，应立即切断电源，并使用二氧化碳泡沫器灭火。

(8)加工完成后，必须先切断总电源，然后拉动加工液槽边上的放油拉杆，待放掉加工液后擦拭机床，确保机床的清洁。

2.7.4　电火花机床日常维护及保养

(1)每次加工完毕后，应将工作液槽的煤油泄放回工作液箱内，将工作台面用棉纱擦拭干净。

(2)定期对摩擦部件加注润滑油，防止灰尘和加工液等进入丝杆、螺母和导轨等部件中。

(3)加工过程中，必须对电蚀物进行过滤。若工作液过滤器过滤阻力增大或过滤效果变差，以及工作液浑浊不清，则应及时更换。

(4)应注意避免脉冲电源中的电器元件受潮。特别是在南方的霉雨天气或长时间不用时，应定期安排人为开机加热。夏季高温季节要防止变压器、限流电阻、大功率晶体管过热，加强通风冷却，并防止通风口、过滤网被灰尘堵塞，要定期检查和清扫过滤网。

(5)工作液泵的电机或主轴电机部分为立式安装，电机端部冷却风扇的进风口朝上，很容易落入螺钉、螺帽或其他细小杂物，造成电机“卡壳”“憋车”，甚至损坏，因此要在此类立式安装电机的进风端盖上加装保护网罩。

(6)操作人员应注意机床周围环境，杜绝明火；并对机床的使用情况建立档案，及时反馈机床的运行情况。

第 3 章 冲裁模成型零件的线切割加工

1. 课程学习目标

(1)了解电火花线切割加工的工艺条件;
(2)了解线切割机床加工工艺,能够掌握凸凹模零件的线切割加工工艺;
(3)掌握线切割 3B 程序的编程规则;
(4)能够根据加工要求进行刀具偏移处理,正确编制凸凹模零件线切割加工的 3B 程序;
(5)能够对工件装夹及变形进行分析,选择正确的线切割加工路线;
(6)了解线切割机床的基本操作方法,能够进行基本的机床操作控制;
(7)了解线切割加工前钼丝校正和对刀方法;
(8)能够合理选择加工规准和进行加工过程控制,保持线切割加工放电稳定;
(9)能够进行线切割加工质量分析,提出针对性改进措施。

2. 课程学习背景

(1)工程图纸

凸凹模加工要求如图 3-1 所示,凸凹模零件如图 3-2 所示。

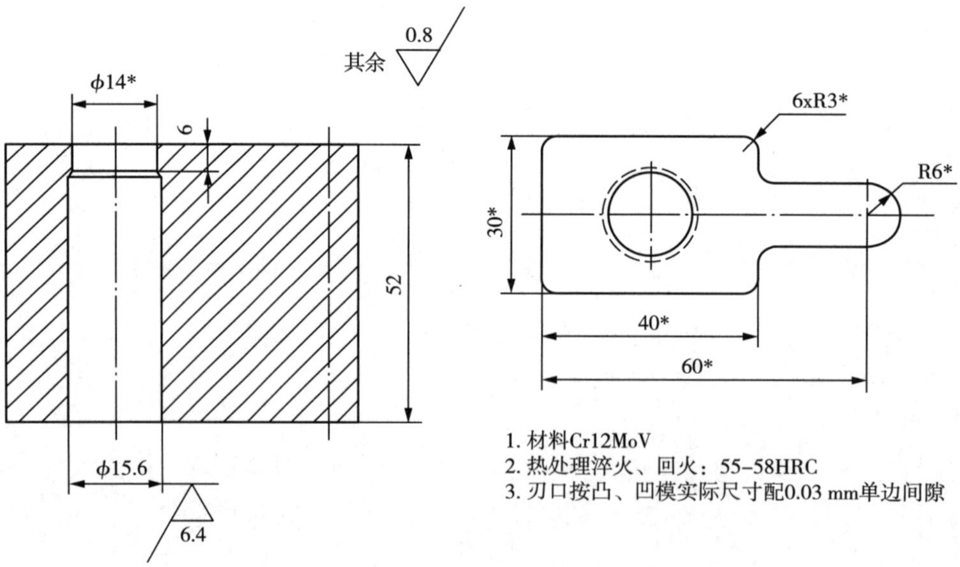

图 3-1 凸凹模加工要求

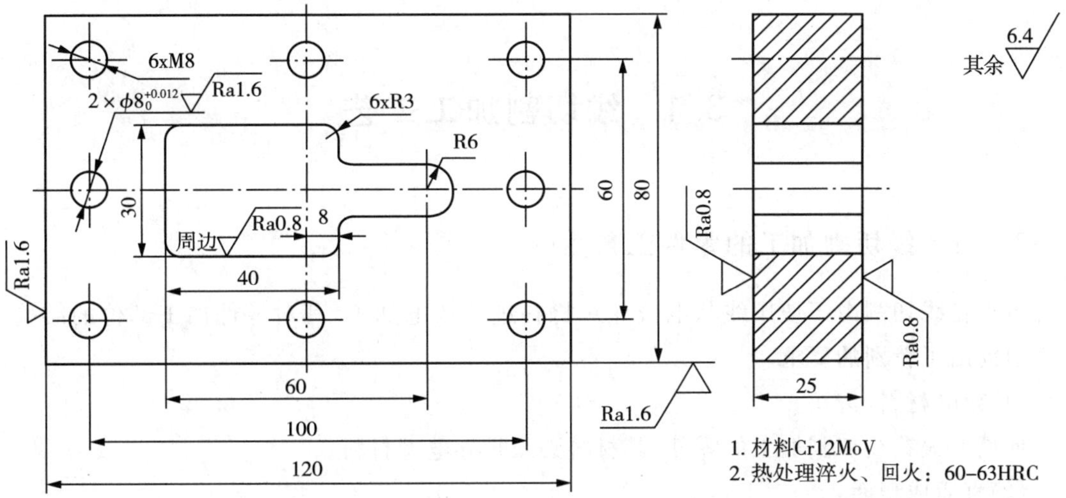

图 3 - 2　凸凹模零件

(2)工艺文件

凸凹模零件的机械加工工艺规程卡片见表 3 - 1 所列。

表 3 - 1　凸凹模零件的机械加工工艺规程卡片

工业中心	机械加工工艺过程卡	产品型号	—	零(部)件图号		共 1 页
		产品名称	—	零(部)件名称	凸凹模	第 1 页

材料名称	材料牌号	毛坯种类	毛坯尺寸	每毛坯件数	每台件数	零件重量	毛重	
模具钢	Cr12MoV	锻件	100×50×56	1	—		净重	

工序号	工序名称	工 序 内 容	设备名称	夹具	刀具	量具	工时
1	备料	下料：φ60×105	锯床				
2	锻	锻打成：100×50×56	锻锤				
3	热处理	退火					
4	刨	刨六面	刨床				
5	平磨	磨上下大平面	平面磨床				
6	钳	钳工划线，打孔，作线切割穿丝孔	钻床				
7	热处理	淬火、回火 55—58HRC					
8	平磨	磨上下大平面	平面磨床				
9	钳工	退磁、防锈	消磁机				
10	线切割	按要求配制切割，留钳工修光量单边 0.01 mm	线切割				
11	热处理	低温回火					
12	钳工						

										编制	会签	审核	批准
标记	处记	更改文件号	签字	日期	标记	处记	更改文件号	签字	日期				

3.1 线切割加工工艺

3.1.1 线切割加工的零件工艺性

电火花线切割由于使用线状电极丝对材料进行放电加工，其对零件加工部位的结构工艺性也提出了特别的要求。

(1)导电材料

使用电火花线切割加工的零件，其材料必须是导电型材料。

(2)直通成型面

切割加工区线电极为直线形状，线切割加工的工件断面也只能是直通的成型面。阶梯成型面和盲孔不能选用线切割加工方法。

(3)细缝、窄槽的宽度

电火花线切割加工由于采用很细的线状电极来对零件进行加工，可以加工零件较小的细缝、窄槽等常规切削加工难于实现的部位，但细缝、窄槽的最小宽度不应小于电极丝的直径加2倍的放电间隙值。

(4)最小角部半径

最小角部半径如图3-3所示。由于电极丝直径的限制，线切割加工工件的最小角部半径与电极丝直径之间的关系：

$$R \geqslant \delta + d/2 \quad \text{式(3-1)}$$

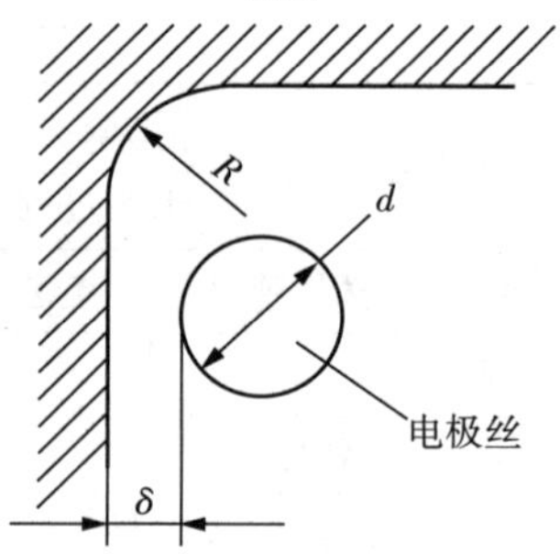

图3-3 最小角部半径

式(3-1)中，R：工件最小角部半径；

δ：放电间隙；

d：电极丝直径。

3.1.2 线切割机床用电极丝

1. 电极丝材料

可以在电火花线切割加工过程中使用的电极丝材料有钨丝、钼丝、钨钼合金丝、黄铜丝、铜钨合金丝等。

采用钨丝加工时，可获得较高的加工速度，但放电后丝质易变脆、容易断丝，故应用较少，只在慢走丝弱规准加工中尚有使用。

钼丝比钨丝熔点低、抗拉强度低，但韧性好，在频繁的急热急冷变化过程中，丝质不易变脆、不易断丝。

钨钼合金丝(w20Mo、w50Mo)加工效果比钨丝、钼丝好，且具有钨丝、钼丝两者的特性，使用寿命和加工速度都比钼丝高。

采用黄铜丝做电极时，加工速度较高，加工稳定性好，但抗拉强度差，损耗大。

铜钨合金丝有较好的加工效果，但抗拉强度较差、价格较昂贵、来源较少，故应用较少。

目前，快走丝线切割加工中广泛使用钨钼合金作为电极丝材料，慢走丝线切割加工中广泛使用黄铜丝作为电极。

2. 电极丝直径

电极丝的直径对加工速度的影响较大。若电极丝直径过小，则承受电流小、切缝也窄，不利于排屑和稳定加工，显然难以获得理想的切割速度。因此，在一定的范围内，电极丝的直径加大对切割速度有利。但是，电极丝的直径若超过一定程度会造成切缝过大，反而影响了切割速度的提高。因此，电极丝的直径不宜过大。电极丝直径对切割速度的影响也受脉冲参数等综合因素的制约。

电极丝直径大小与切割速度和切割效率的关系见表 3 - 2 所列(一定的试验条件下)。

表 3 - 2　电极丝直径大小与切割速度和切割效率的关系

电极丝材料	电极丝直径(mm)	加工电流(A)	切割速度(mm^2/min)	切割效率(mm^2/min · A)
Mo	0.18	5.0	77	15.4
Mo	0.09	4.3	100	25.4
W20Mo	0.18	5.0	86	17.2
W20Mo	0.09	4.3	112	26.4
W50Mo	0.18	5.0	90	17.9
W50Mo	0.09	4.3	127	27.2

3. 电极丝的张力

切割加工中电极丝应保持一定的张力。电极丝张力与加工速度的关系如图 3 - 4 所示。由图 3 - 4 可知，一字张力范围内电极丝的张力越大，切割速度越快。这是由于张力大时，电极丝的振幅变小、切缝宽度变窄，有利于变频进给。

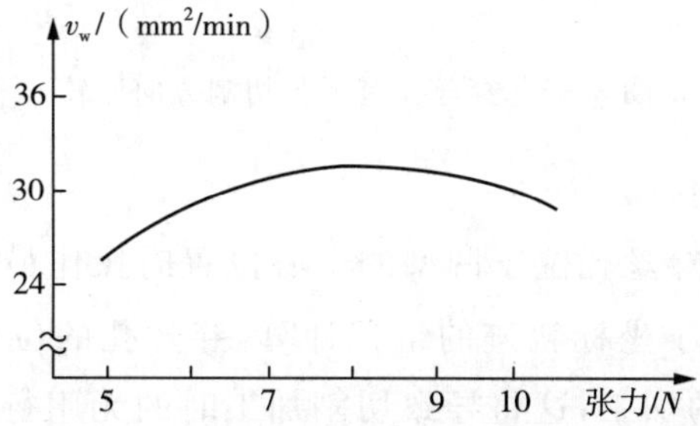

图 3 - 4　电极丝张力与加工速度的关系

电极丝的张力若过小，一方面电极丝抖动厉害，会造成频繁短路，以致放电加工不稳定，加工精度不高；另一方面，电极丝过松还会使电极丝在加工过程中受放电压力作用而产生弯曲变形，使电极丝切割轨迹落后于工件加工的控制轮廓位置，即出现加工滞后现象，从而造成型状和尺寸误差，如切割较厚的圆柱时会出现腰鼓形状，严重时电极丝在快速运转过程中会跳出导轮槽，从而造成断丝等故障；但如果过于将张力增大，切割速度不仅不持续上升，而且容易断丝。电极丝断丝的机械原因主要是由于电极丝本身受抗拉强度的限制。

在慢走丝加工中，设备操作说明书一般都有详细的张紧力设置说明，初学者可以按照说明书进行设置，有经验者可以自行设定。例如，对于多次切割，可以在第一次切割时稍微减小张紧力，以避免断丝。在快走丝加工中，部分机床有自动紧丝装置，操作者可以按相关说明书进行操作；对无自动紧丝装置的机床，操作者需根据实践经验，如一般对新上电极丝需紧丝二次，在后续的放电加工中还需根据加工的具体情况及时紧丝。

3.1.3 穿丝孔

1. 穿丝孔的作用

在线切割加工中，穿丝孔的主要作用如下。

(1) 对于切割凹模或工件中的孔，必须先有一个孔用来将电极丝穿进去，然后才能进行放电切割加工。

(2)减小凹模或工件在线切割加工中的变形。由于在线切割中工件坯料的内应力会失去平衡而产生变形，影响加工精度，严重时切缝甚至会夹住、拉断电极丝。穿丝孔有无与切割方向比较如图 3-5 所示。综合考虑内应力导致的变形等因素，可以看出，图 3-5(c)最好。而在图 3-5(d)中，零件与坯料工件的主要连接部位被过早地割离，余下的材料中被夹持部分少，工件刚性大大降低，容易产生变形，从而影响加工精度。

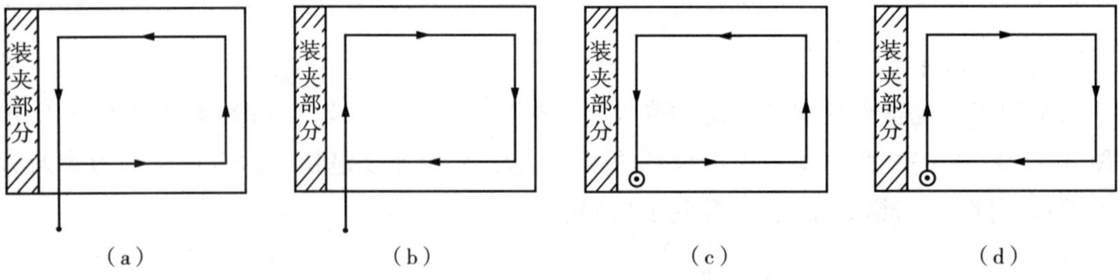

图 3-5　穿丝孔有无与切割方向比较

2. 穿丝孔的位置及大小

在切割凹模类工件中，穿丝孔位于凹型的中心位置时操作最为方便。这既有利于保证穿丝孔加工位置准确，又便于坐标轨迹的编程计算，穿丝孔的位置及大小如图 3-6 所示。但是对于大孔形凹形工件的加工，这将导致切割加工时的无用行程较长，降低加工的效率，如图 3-6(a)所示。

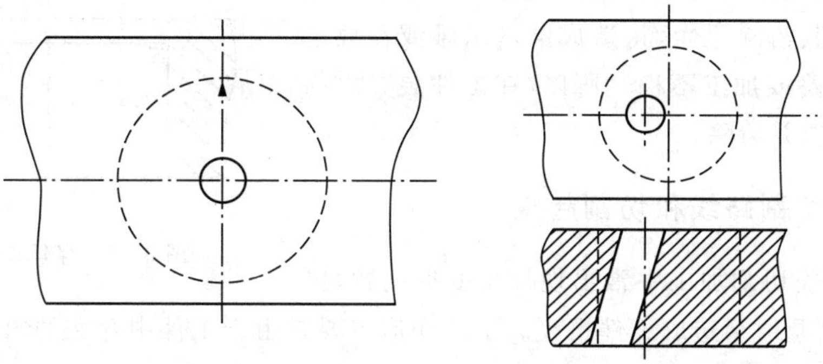

（a）穿丝孔与加工轨迹较远　　（b）穿丝孔与加工轨迹太近

图 3－6　穿丝孔的位置及大小

在切割凸形工件或大型孔凹型工件时，穿丝孔加工在起切点附近为好，这样可以极大缩短无用切割行程。穿丝孔的位置最好选在已知坐标点或便于运算的坐标点上，以简化有关轨迹的编程计算。

穿丝孔的直径不宜太小或太大，以钻或镗孔工艺简便为宜，一般选在 φ3～10 mm，孔径最好选取整数值。

穿丝孔的位置及大小还应考虑工件的厚度。工件越厚，则最小距离越大，一般不小于 3 mm。在实际加工中穿丝孔有可能打斜，如图 3－6(b)所示。若穿丝孔与零件加工轮廓的最小距离过小，则可能导致工件报废。

3. *穿丝孔的加工*

穿丝孔的加工方法取决于穿丝孔的加工要求及现场的设备状况。对普通要求和大小的穿丝孔，可待划线后在钻床上直接钻出。孔位精度要求较高的穿丝孔可以在坐标镗或数控铣床上定中心后由钳工钻出。为避免孔径过小导致的深孔加工难题，可在设计允许的情况下，在非工作刃口端将孔径扩大，降低钻孔的难度。避免深孔如图 3－7 所示。对于材料硬度较高或厚度较大的工件，可考虑采用专用的高速电火花小孔机来打穿丝孔。

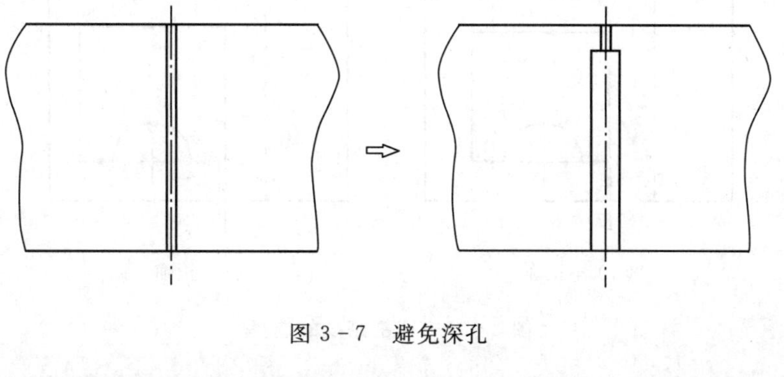

图 3－7　避免深孔

穿丝孔加工完成后，应注意检查和清理孔里面的毛刺，以避免线切割加工时不能正常穿丝或短路而导致加工异常，穿丝孔的检查如图 3－8 所示。此外，当工件经过盐浴炉加热淬火处理后，穿丝孔或其所在扩孔的根部往往粘结着盐卤。如果不将其清除干净，将造成穿丝困难或在放电加工中造成短路或加工不稳。所以，在工件装夹之前一定要仔细检查并清除。

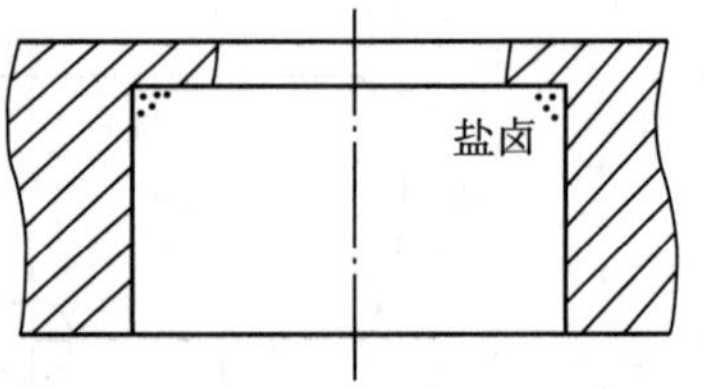

图 3－8　穿丝孔的检查

3.1.4　切割路线和切割起点

在电火花线切割加工中常出现加工变形问题，影响加工精度，严重时会造成工件报废。工件变形主要是由于工件中存在的内应力在线切割加工时重新分布而造成。为了减少工件变形，必须考虑工件在坯料中的切割部位，合理选择切割起点和切割路线。

线切割加工时，坯料的边角处变形较大，尤其是热处理性能较差的淬硬钢和硬质合金等。因此，在选择切割部位时，应尽量避开坯料的边角处，使切割轨迹与各边有足够的距离，如图 3－9 所示。

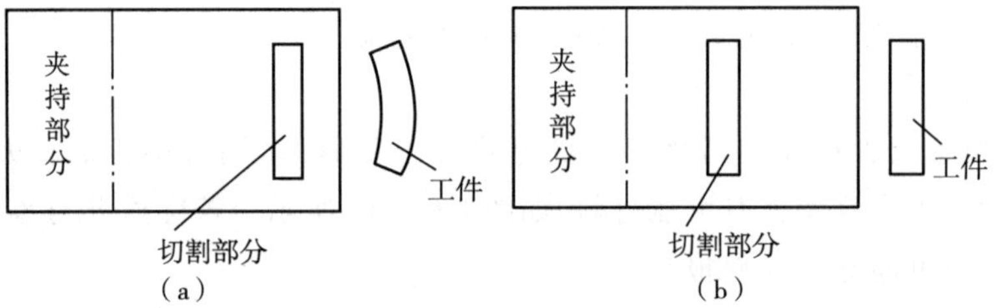

图 3－9　切割部位的选择

1. 切割路线的选择

选择切割路线时，应尽量使工件在整个切割过程中具有良好的刚性，将工件与其夹持部位分离的切割段安排在最后切割，以减小工件变形，如图 3－10 所示。

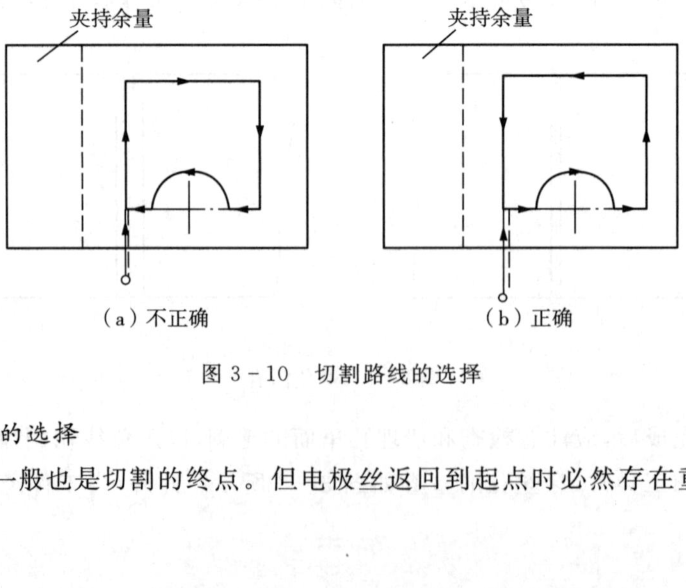

图 3－10　切割路线的选择

2. 切割起点的选择

切割的起点一般也是切割的终点。但电极丝返回到起点时必然存在重复位置误差，造成表面加工痕迹，影响了切割精度和表面质量。为此，应合理选择加工起点：

① 切割起点应选择在表面粗糙度要求较低的表面上；

② 切割起点应尽量选择在切割图形的交点上；

③ 对于无切割交点的工件，切割起点应尽量选择在便于钳工修复的部位。例如，外轮廓的平面、半径大的弧面，要避免选择在凹入部分的表面。

3. 引入和引出方式的选择

在线切割加工中，引入点（穿丝点）通常不与工件切割起点重合，这就需要一段从引入点切割到切割起点的引入切割段。当切割起点选在切割图形的交点上时，引入切割段通常采用直线方式，如图 3-11(a)所示；当切割起点选在切割图形的表面上时，对于无补偿的切割，引入切割段通常采用圆弧方式，并与切割起始段相切，如图 3-11(b)所示；对于带刀具半径补偿程序的切割，引入切割段在圆弧方式引入前需增加用于建立补偿的直线段，如图 3-11(c)所示。引出可按引入路径返回。

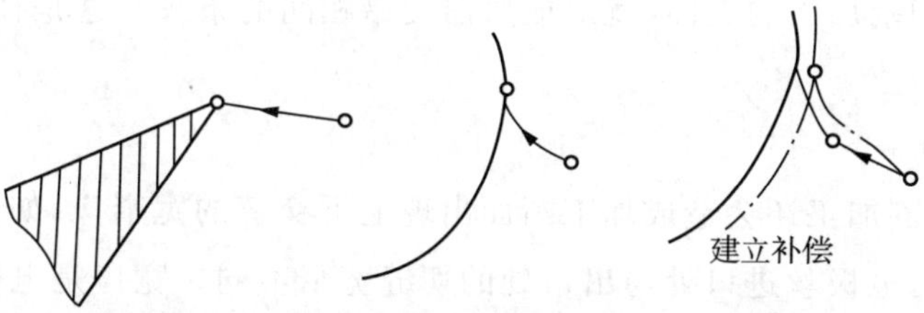

（a）直线引入　（b）无补偿切割的圆弧引入　（c）带补偿切割的圆弧引入

图 3-11　切割引入方式

对于引出段，当电极丝切割到坯料边缘时，因材料发生变形，易造成切口闭合而夹断电极丝。因此，有时在引出切割段可增设一段保护电极丝的切割段。引出切割段中的保护切割段如图 3-12 所示，其中 $A'A''$ 为切割段。

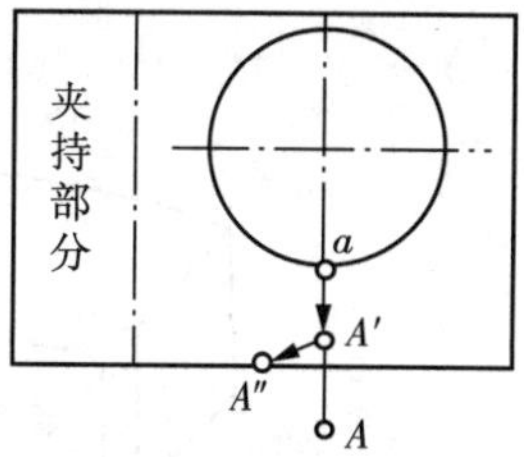

图 3-12　引出切割段中的保护切割段

3.1.5　往复走丝的加工表面

对于快速走丝的线切割机床，由于电极丝的往复运动，会在零件的切割断面造成一些特殊的表面质量问题，如黑白条纹和上下交替的宽窄口等。

1. 黑白条纹

快走丝线切割加工时，由于电极丝的往复运动，加工工件断面往往会出现黑白相间的条纹，电极丝进口处呈黑色、出口处呈白色。工件切割断面条纹如图 3-13 所示。条纹的出现与电极丝的运动有关，是由于排屑和冷却条件不同造成的。电极丝从上向下运动时，工作液由电极丝从上部带入工件内，放电产物由电极丝从下部带出。这时，上部工作液充分，冷却条件好；下部工作液少，冷却条件差，但排屑条件比上部好。

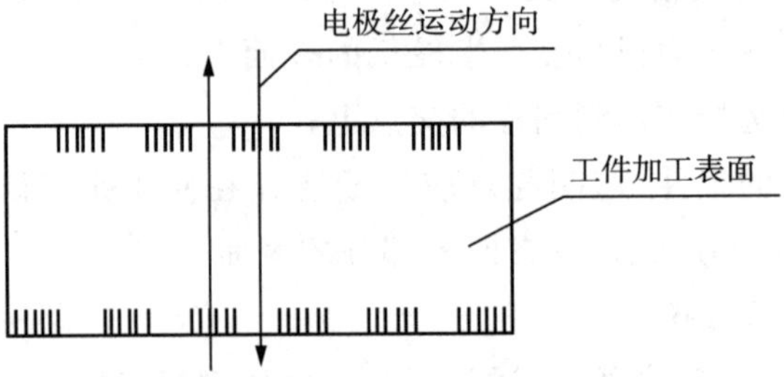

图 3-13　工件切割断面条纹

工作液在放电间隙中受高温热裂分解，形成高压气体，急剧向外扩散，对上部蚀除物的排除造成困难。这时，放电产生的炭黑等物质将凝聚并附着在上部加工表面，使之呈黑色。在下部，由于排屑条件好、工作液少，放电产物中炭黑较少，而且放电常常是在气体中发生的，因此其加工表面呈白色。同理，当电极丝从下向上运动时，下部呈黑色，上部呈白色。如此反复，经过电火花线切割加工的表面，就形成黑白交错相间的条纹。这是往复走丝工艺的特性之一。

2. 上下交替宽窄口

电极丝往复运动切割加工还会造成加工断面出现上下交替的宽窄口，如图 3-14 所示。电极丝上下往复运动时，电极丝进口处与出口处的切缝宽窄不同。宽口是电极丝的入口处，窄口是电极丝的出口处。故当电极丝往复运动时，在同一切割表面中电极丝进口与出口的高低不同。这对加工精度和表面粗糙度有影响。切缝处剖面示意图如图 3-15 所示，电极丝的切缝不是直壁缝，而是两端小、中间大的鼓形缝。这也是往复走丝工艺的特性之一。

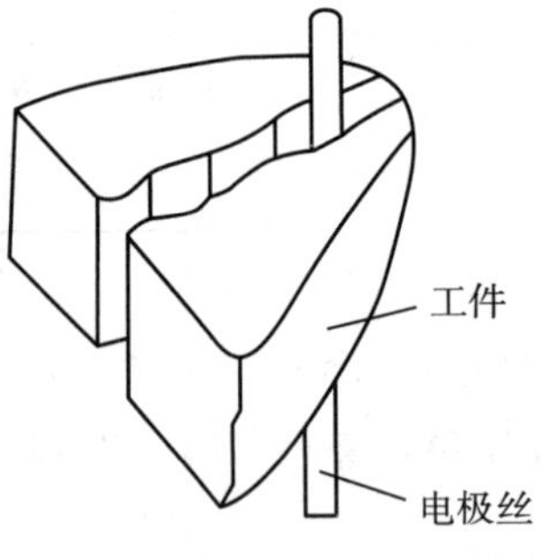

图 3-14　切割断面上下交替宽窄口

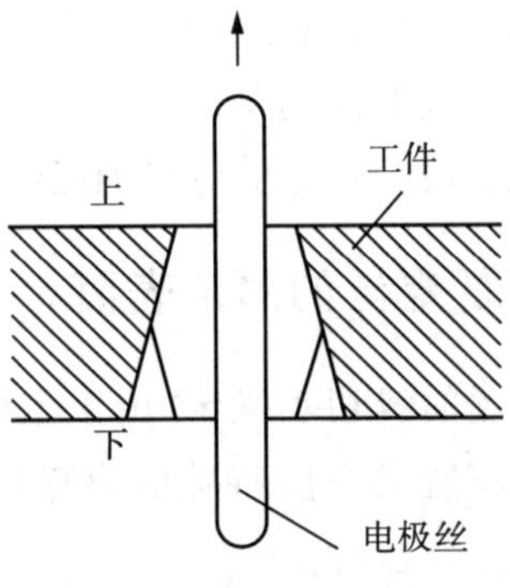

图 3-15　切缝处剖面示意图

慢走丝线切割加工不存在上述不利于加工表面质量的因素。一般慢速走丝线切割加工无须换向，加之其便于维持放电间隙中的工作液和蚀除产物的大致均匀，所以可避免形成黑白相间的条纹；同时，由于慢走丝系统电极丝运动速度低、走丝运动稳定，因此不易产生较大的机械振动，从而避免产生加工断面的波纹。

3.2　线切割 3B 程序的编制

3.2.1　3B 程序格式和编程规则

1. 3B 程序格式

线切割加工的 3B 程序使用固定的格式来书写每一行程序，每行程序表示控制加工一段直线或者一段圆弧，其固定的程序格式：

$$B\ X\ B\ Y\ B\ J\ G\ Z$$

其中，B：分隔符号，共有三个，将 X、Y、J 三个数字量分隔开来；

X、Y：坐标值；

J：加工线段的计数长度；

G：计数方向，有 G_x、G_y 2 个，可分别计 X 或者 Y 拖板方向来进行加工线段的终点控制；

Z：线段的加工指令，按加工线段是直线还是圆弧，分别不同。

2. 直线段的 3B 编程规则

(1)X、Y 值的确定

① 以直线的起点为坐标原点，建立直角坐标系，X、Y 为直线终点在该坐标系中的坐标值，取正数，单位为 μm。

② 由数控原理，在直线的 3B 代码中，X、Y 值是为确定该直线的斜率，所以可将直线终点坐标的绝对值除以它们的最大公约数作为 X、Y 的值，以简化程序数值。

③ 若直线与 X 或 Y 轴重合，为区别一般直线，X、Y 均可写作 0，也可以不写，但分隔符必须保留。

(2)G 的确定

G 用来确定加工时的计数方向，分 Gx 和 Gy。直线编程的计数方向某选取方法是以要加工的直线的起点为原点，建立直角坐标系，取该直线终点坐标绝对值大的坐标轴为计数方向。直线段计数方向的确定如图 3-16 所示。

如图 3-16(a) 所示，以直线终点所在的区域来确定计数方向，方法：当直线的终点落在图中阴影部分区域内时选 Gy；而当直线的终点落在图中阴影部分区域以外时选 Gx，当直线的终点落在 45° 分界线上时，可以任意选择 Gx 或者 Gy。即直线的终点靠近哪个坐标轴，就计该坐标轴的方向。

例如，设直线的终点坐标为(xe，ye)，令 $X=|xe|$，$Y=|ye|$，对于图 3-16(b)，由于 $X<Y$，所以取 Gy；对于图 3-16(c)，由于 $X>Y$，所以取 Gx。

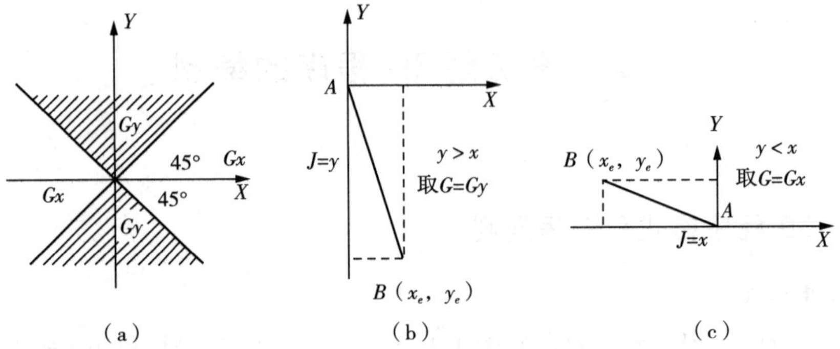

图 3-16 直线段计数方向的确定

(3)J 的确定

J 为计数长度，其含义是加工线段在计数方向所在坐标轴上的投影长度，以 μm 为单位。对于较旧的线切割数控系统，编程时应写满六位数，不足六位的前面补零。现在的机床基本均不用补零。

J 的取值方法：由计数方向 G 确定投影方向，若 $G=Gx$，则将直线向 X 轴投影得到长度的绝对值为 J 的值；若 $G=Gy$，则将直线向 Y 轴投影得到长度的绝对值为 J 的值。

(4)Z 的确定

加工指令 Z 按照直线走向和终点的坐标不同可分为 $L1$、$L2$、$L3$、$L4$，其中与 $+X$ 轴重合的直线算作 $L1$，与 $-X$ 轴重合的直线算作 $L3$，与 $+Y$ 轴重合的直线算作 $L2$，与 $-Y$ 轴重合的直线算作 $L4$。直线段加工指令的确定如图 3-17 所示。

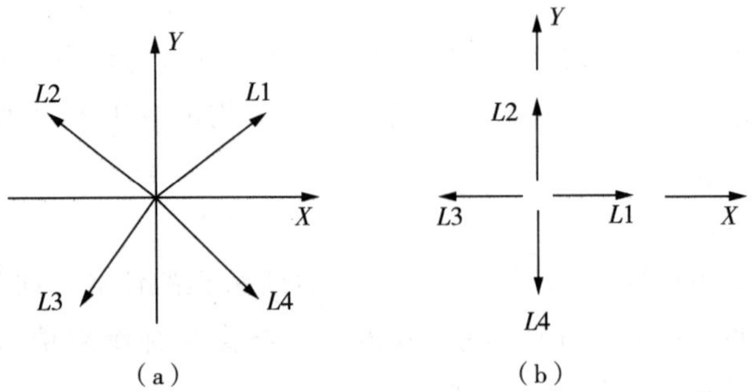

图 3-17 直线段加工指令的确定

3. 圆弧段的 3B 编程规则

(1)X、Y 值的确定

以圆弧段的圆心为坐标原点，建立直角坐标系，X、Y 表示圆弧起点坐标的绝对值，单位为 μm。圆弧段计数方向的确定如图 3-18 所示。图 3-18(a) 中，$X=$ 30 000，$Y=$ 40 000；图 3-18(b) 中，$X=$ 40 000，$Y=$ 30 000。

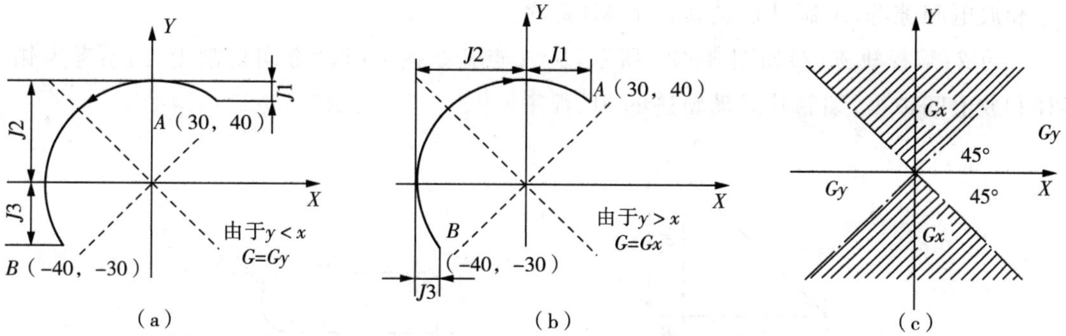

图 3－18　圆弧段计数方向的确定

(2)G 的确定

G 用来确定加工时的计数方向，分 Gx 和 Gy。如图 3－18(c) 所示，以圆弧终点所在的区域来确定计数方向。方法：当圆弧的终点落在图中阴影部分区域内时选 Gx；而当圆弧的终点落在图中阴影部分区域以外时选 Gy，当直线的终点落在 45° 分界线上时，可以任意选择 Gx 或者 Gy。即圆弧的终点靠近哪个坐标轴，就计相反坐标轴的方向，见图 3－18(a)(b)。

(3)J 的确定

圆弧编程中 J 的取值方法：由计数方向 G 确定投影方向，若 $G=Gx$，则将圆弧向 X 轴投影；若 $G=Gy$，则将圆弧向 Y 轴投影。J 为各个象限圆弧投影长度绝对值的和。例如，在图 3－18(a)(b) 中，$J=|J1|+|J2|+|J3|$。

(4)Z 的确定

加工指令 Z 按照加工起点的位置和加工进入的象限可分为 $R1$、$R2$、$R3$、$R4$；按切割的走向可分为顺圆 S 和逆圆 N，共有八种指令：$SR1$、$SR2$、$SR3$、$SR4$、$NR1$、$NR2$、$NR3$、$NR4$。圆弧段加工指令的确定如图 3－19 所示。

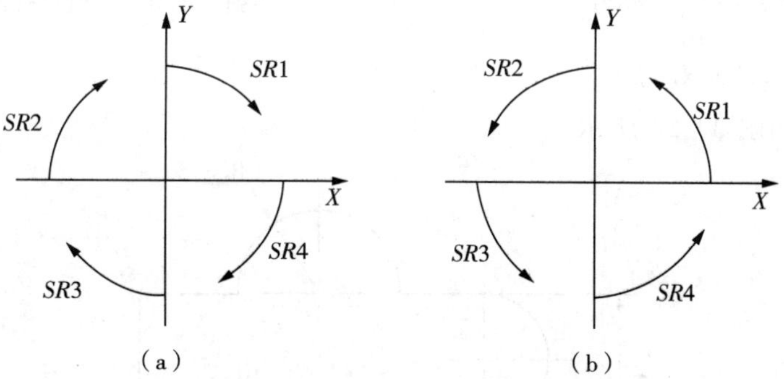

图 3－19　圆弧段加工指令的确定

3.2.2　3B 程序格式编程练习

1. 基本线段的编程练习

练习 1：编程轨迹(1)如图 3－20 所示，从 A 点开始按逆时针方向切割走刀，不考虑钼丝半径和放电间隙等，编制其运动轨迹的 3B 程序。

练习 2：编程轨迹（2）如图 3－21 所示，从 A 点开始按逆时针方向切割走刀，不考虑钼丝半径和放电间隙等，编制其运动轨迹的 3B 程序。

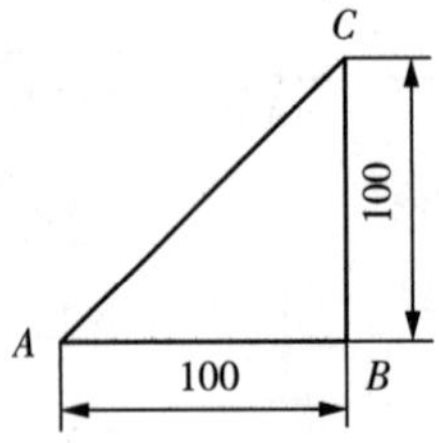

图 3－20　编程轨迹（1）

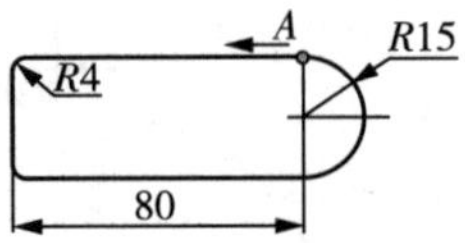

图 3－21　编程轨迹（2）

2. 考虑线切割加工工艺条件的编程练习

练习 1：零件图如图 3－22 所示，设线切割加工时的钼丝直径为 0.18 mm，取单边放电间隙 $\delta=0.01$ mm，穿丝孔在 A 点。从 A 点开始按逆时针方向编制其线切割加工的 3B 程序。

练习 2：凸模零件图如图 3－23 所示，设线切割加工时的钼丝直径为 0.16 mm，取单边放电间隙 $\delta=0.01$ mm，切割时留钳工修光量单边 0.02 mm，穿丝孔在 A 点。从 A 点开始按逆时针方向编制其线切割加工的 3B 程序。

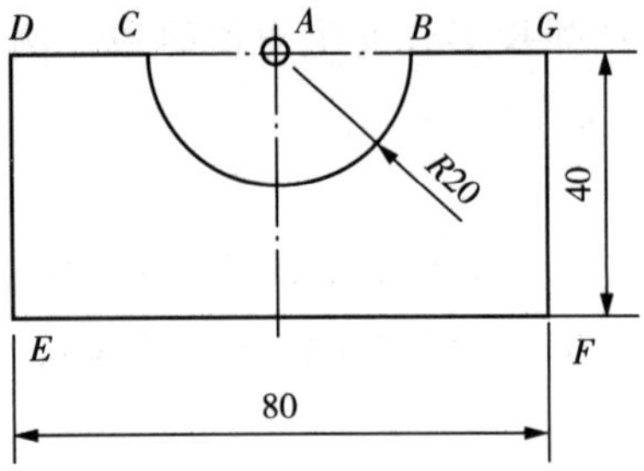

图 3－22　零件图

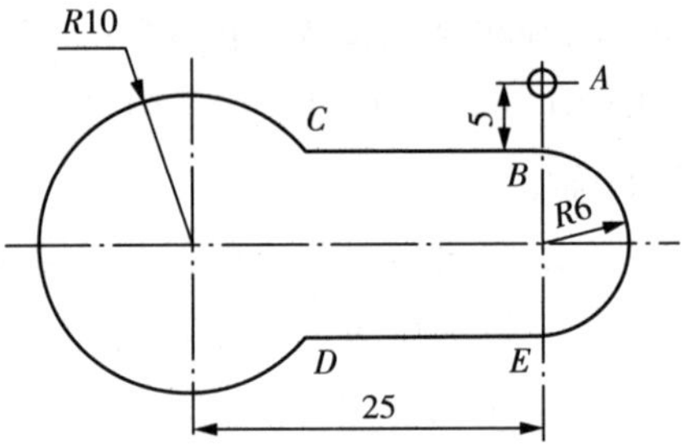

图 3－23　凸模零件图

3. 配切割加工的编程练习

凸模零件图如图 3－24 所示。

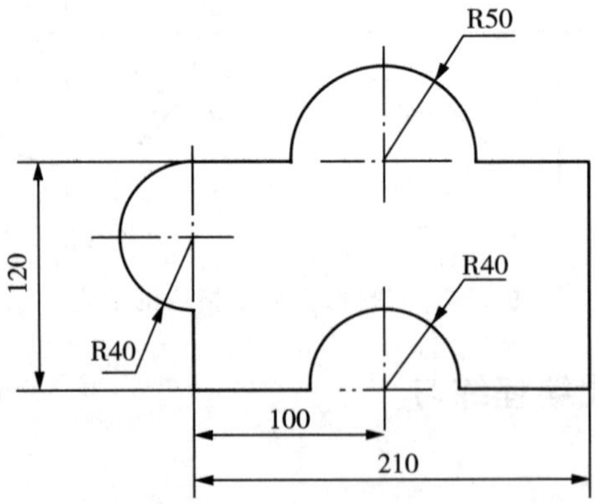

图 3－24　凸模零件图

已知线切割加工的工艺条件：钼丝直径 0.16 mm、单面放电间隙 $\delta=0.01$ mm。

(1)确定凸模切割加工的穿丝孔位置，并按合理的走刀方向编写凸模加工的 3B 程序。

(2)设凹模按凸模配冲裁间隙 0.05 mm(单边)，试确定凹模加工时穿丝孔的合理位置，并编写其线切割加工的 3B 程序。

(3)设凸模的厚度为 55 mm，试估算该凸模加工的工时定额。

(4)若实测的线切割机床加工速度为 60 mm^2/min，计算加工完成该凸模所需要的时间。

4. 刀具半径补偿的编程练习

3B 格式程序的简易刀具半径补偿功能原理如图 3－25 所示。

实现刀具半径补偿的关键是对图形中所有的尖角进行磨圆(增加过渡圆弧)处理。尖角指图形中直线与直线相交、直线与圆弧相交、圆弧与圆弧相交的部位。图形中的尖角如图 3－26所示。增加的过渡圆弧半径一般为 0.1～0.2 mm，以半径补偿运算时凸、凹圆弧半径减小的结果需不为 0 或负值为限。此外，目前有些线切割数控系统已能对尖角直接进行刀具半径补偿，而不再需要 3B 编程时增加尖角磨圆，请以机床随机文件的编程说明为准。

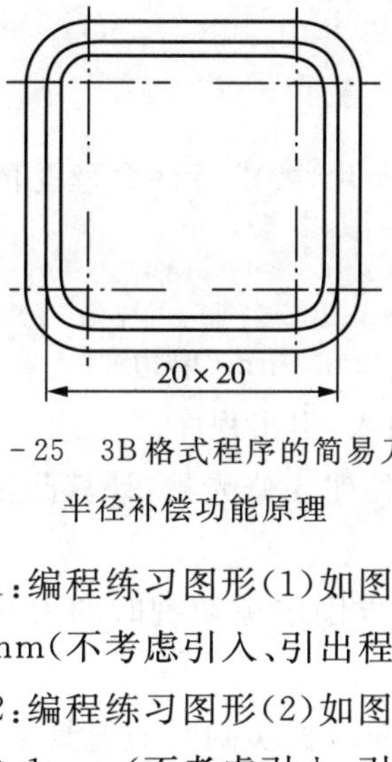

图 3－25　3B 格式程序的简易刀具半径补偿功能原理

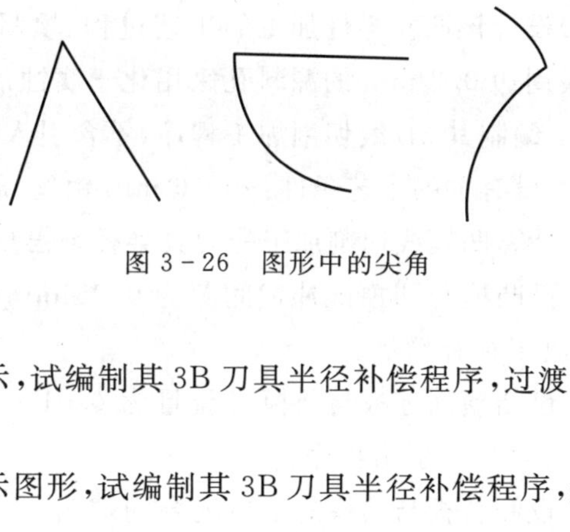

图 3－26　图形中的尖角

练习 1：编程练习图形(1)如图 3－27 所示，试编制其 3B 刀具半径补偿程序，过渡圆弧半径取 0.2 mm(不考虑引入、引出程序段)。

练习 2：编程练习图形(2)如图 3－28 所示图形，试编制其 3B 刀具半径补偿程序，尖角磨圆半径取 0.1 mm(不考虑引入、引出程序段)。

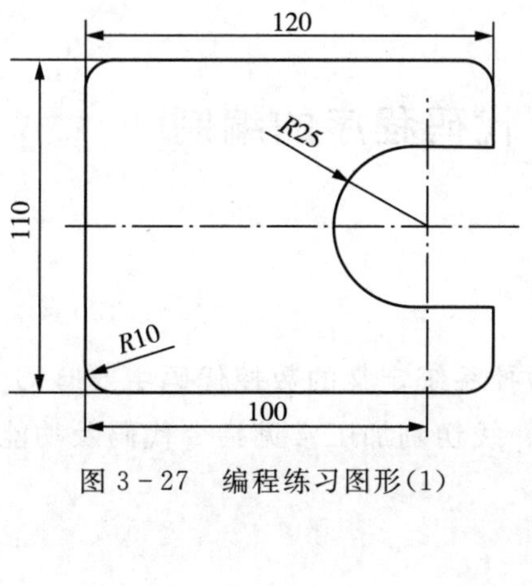

图 3－27　编程练习图形(1)

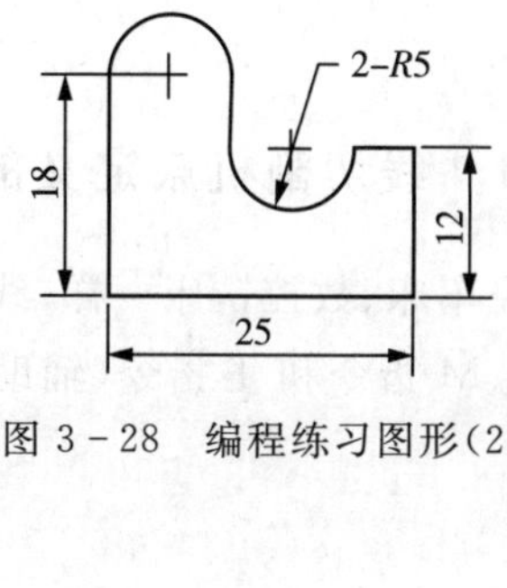

图 3－28　编程练习图形(2)

5. 3B编程综合练习

凹模零件图如图3－29所示。

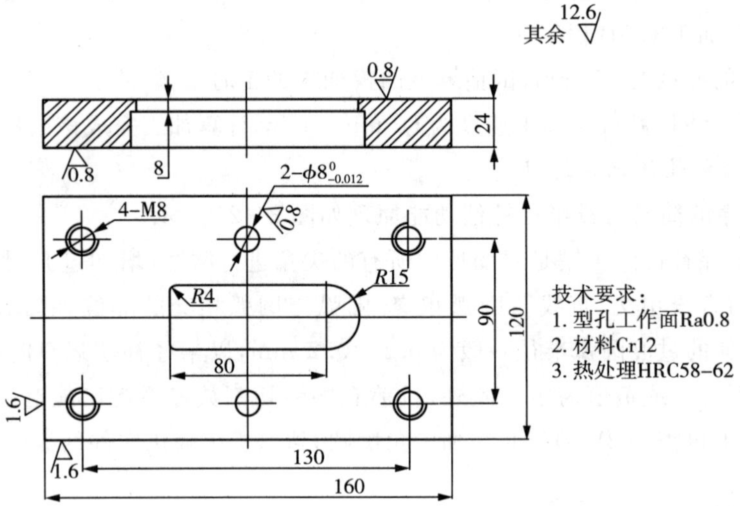

图3－29 凹模零件图

(1)设计该凹模零件加工的工艺过程,填写工艺过程卡片,要求标注穿丝孔的大小及位置,凹模周边0.2 mm的漏料孔采用化学腐蚀加工(钳工工序)。

(2) 编制其3B线切割加工程序,不含引入、引出程序。

(3) 设有关的工艺条件:φ0.16 mm钼丝、放电间隙为0.01 mm(单边)。

① 计算凹模线切割加工的刀具半径补偿量,并写出引入、引出程序。

② 设凸模与凹模配冲裁间隙为0.05 mm(单边),不留钳工修光量,计算凸模线切割加工的刀具半径补偿量。

③ 设凸模固定板与凸模过盈量为0.01 mm(单边),求固定板切割时的刀具半径补偿量,并写出引入、引出程序。

④ 设卸料板与凸模的单边配合间隙为0.02 mm,求卸料板切割时的刀具半径补偿量,并写出引入、引出程序。

3.3 线切割ISO代码程序的编制

3.3.1 线切割机床定义的ISO代码

与数控车床、数控铣床一样,线切割机床数控系统定义的数控代码主要有G指令(准备功能指令)、M指令和T指令(辅助功能指令)。线切割加工常见指令代码及功能见表3－3所列。

表 3-3　线切割加工常见指令代码及功能

代　码	功　能	代　码	功　能
G00	快速点定位	G84	自动取电极丝垂直
G01	直线插补	G90	绝对编程
G02	顺时针圆弧插补	G91	增量编程
G03	逆时针圆弧插补	G92	指定工件坐标系(参照刀具位置)
G04	暂停定时	M00	暂停至循环启动
G17	XOY 平面选择	M02	程序结束
G18	ZOX 平面选择	M05	忽略接触感知
G19	YOZ 平面选择	M98	子程序调用
G20	英制	M99	子程序返回
G21	公制	T82	加工液槽保持关
G40	取消电极丝半径补偿	T83	加工液槽保持开
G41	电极丝半径左补偿	T84	开喷液
G42	电极丝半径右补偿	T85	关喷液
G50	取消锥度补偿	T86	开走丝(阿奇)
G51	锥度加工左倾斜(沿电极丝行进方向)	T87	关走丝(阿奇)
G52	锥度加工右倾斜(沿电极丝行进方向)	T80	开走丝(沙迪克)
G54	加工坐标系 1(参照机床坐标零点)	T81	关走丝(沙迪克)
G55	加工坐标系 2(参照机床坐标零点)	T90	AWTI,剪断电极丝
G56	加工坐标系 3(参照机床坐标零点)	T91	AWTII,将剪断的电极丝用管子通过下部的导轮送至接线处
G80	移动轴直到接触感知		
G81	移动到机床的极限	T96	送液开,向液槽中加注工作液
G82	回到当前位置与零点的一半处	T97	送液关,停止向液槽中加工作液

3.3.2　线切割 ISO 代码编程示例

跳步加工零件图如图 3-30 所示。线切割加工 Φ10 的内孔和 Φ30 的外圆,穿丝孔分别在 O 点和 A 点,试编制其跳步切割加工内孔和外圆的 ISO 代码程序。

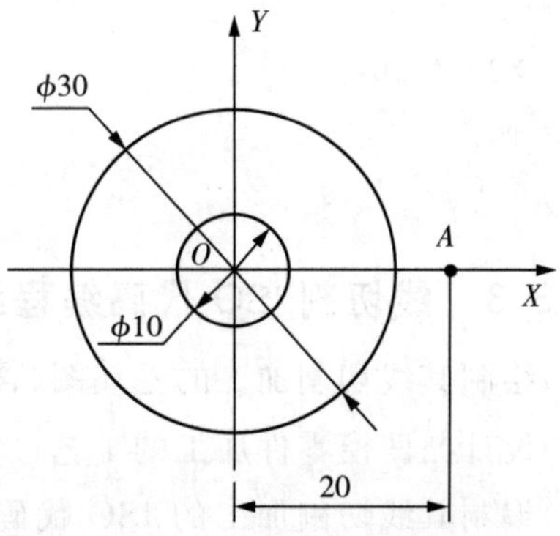

图 3-30　跳步加工零件图

加工程序可编制如下。

```
%0001
H01 = 0.1                           /(或手工置入补偿寄存器)
G54 G90 X0 Y0 T84 T86
C007                                /设定放电加工电规准(条件)、开高频电源
G01 X4.0
C001                                /更换精规准
G01 G41 X5.0 H01
G03 I-5.0 J0
G01 G40 X4.0
M00                                 /程序暂停,取走内孔废料
C007
G01 X0 Y0
T85 T87
M00                                 /程序暂停,拆除电极丝,准备跳步
M05 G00 X20.0 Y0
M00                                 /穿电极丝,准备切割外圆
G90 G54 G92 X20.0 Y0 T84 T86
C007
G01 X16.0
C001
G01 G42 X15.0 Y0 H01
G03 I-15.0 J0
G01 G40 X16.0
M00
C007
G01 X20.0 Y0
T85 T97
M02
```

3.3.3 线切割 ISO 代码编程练习

(1)绘制其线切割加工的毛坯图(含穿丝孔大小及位置);

(2)设计凸凹模零件加工的工艺过程,填写工艺过程卡片;

(3)编制其线切割加工的 ISO 代码程序,要求考虑补偿量(使用补偿寄存器,φ0.2 mm 电极丝,放电间隙 δ 取 0.01 mm)、跳步程序等。

3.4　线切割加工的准备工作

线切割加工的准备工作包括机床工作状态的确认、工件毛坯的准备与装夹、电极丝的准备与校正、电极丝与工件的对刀找正和加工电规准的选择与转换等。

加工前，线切割机床工作状态的确认包括确认机床各组成部分工作正常，运丝、换向、走丝、上下导轮工作状态良好，上下丝臂的开口距离要与工件切割厚度相适应，工作液介质清洁无变质、喷嘴通畅出液正常，各导电快工作表面光滑（至少无大的凹槽）等，以保证线切割加工的正常进行。

3.4.1　工件的准备与装夹

工件装夹前，要检查工件毛坯的加工状态，查看前道工序是否都加工完成；检查工件毛坯的基准面加工状况，安装和找正基面最好经过磨削加工；检查每一个穿丝孔是否通畅、是否有氧化皮等残物，必要时可使用同直径钻头对穿丝孔做一次钻通处理，对于直径小的穿丝孔还要检查穿丝孔与安装面的垂直度，以防止穿丝后出现短路状况；检查工件毛坯上的毛刺情况，必要时使用油石、钻头去除毛刺；检查工件毛坯的退磁、防锈等工作是否正常进行等。

1. 工件在装夹过程中要注意的问题

（1）确认工件的设计基准或加工基准面，尽可能使设计或加工的（工序）基准面与 X 或 Y 轴平行。

（2）工件的基准面应清洁、无毛刺。经过热处理的工件，在穿丝孔内及扩孔的台阶处，及时清理热处理残物及氧化皮。

（3）工件装夹的位置应有利于工件找正，找正基准面应充分暴露，便于使用找正工具或量表。

（4）工件的装夹位置应与机床行程相适应，保证能顺利完成整个零件的加工，在大型零件加工时其显得尤为重要。

（5）工件的装夹应确保加工中电极丝不会过分靠近或误切割机床工作台，夹紧螺钉高度要合适，不应干涉到加工过程的正常运动。

（6）工件的夹紧力大小要适中、均匀，不得使工件变形或翘起。

对于工件在工作台上安装的方位，通常基于为方便编程，使程序计算尽可能简单的原则。装夹方位与编程难度如图3－31所示。若使工件安装的 α 角为0°、90°以外的任意角，则矩形轮廓各线段都成了斜线，使编程复杂化。但有时则相反，装夹方位与行程范围如图3－32所示。当将工件按0°或90°安装，如图3－32(a)所示，工件的最大长度稍大于工作台的极限行程；而若旋转一定的角度安装，如图3－32(b)所示，便可使全部轮廓落入工作台行程范围内，虽然编程比较复杂，但可在一次装夹中完成零件全部轮廓的加工。

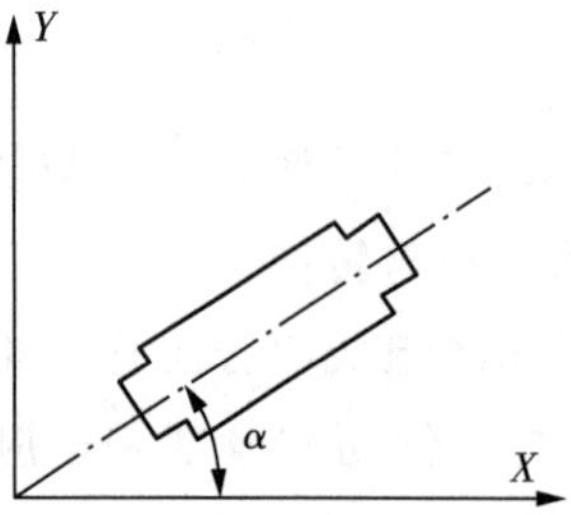

图 3-31 装夹方位与编程难度

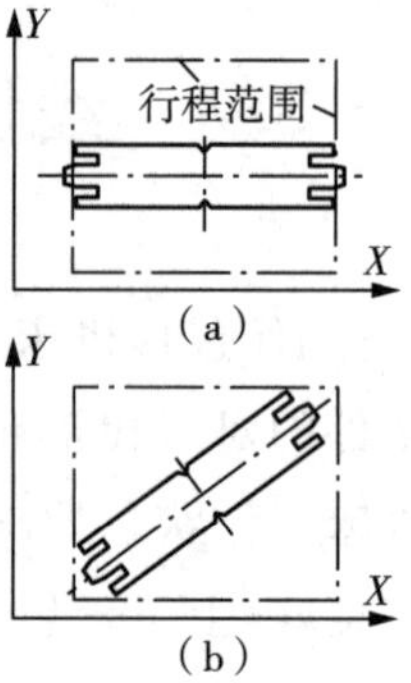

图 3-32 装夹方位与行程范围

2. 常用的工件装夹方式

线切割加工由于没有切削力的作用,其工件装夹方式相对比较简单、灵活。常用的装夹方式如图 3-33 所示。

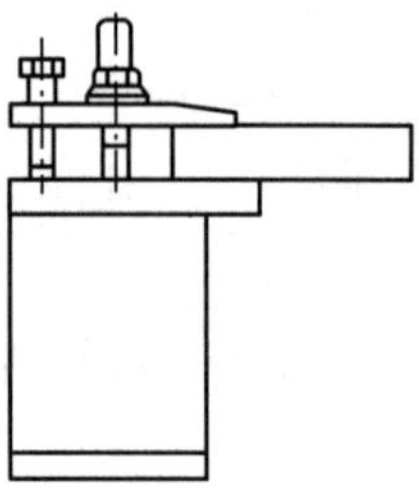

(a) 悬臂支撑方式

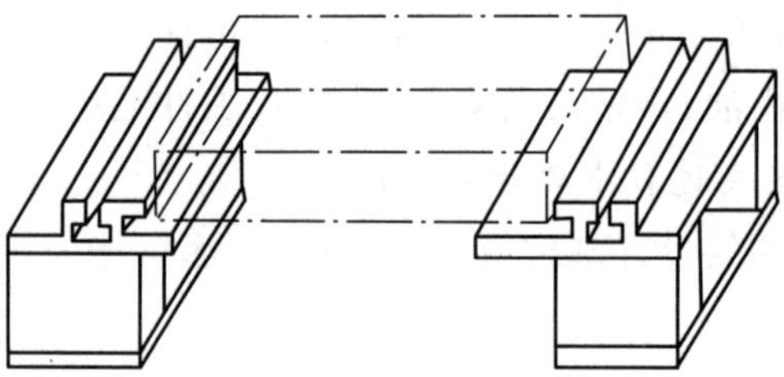

(b) 两端支撑方式

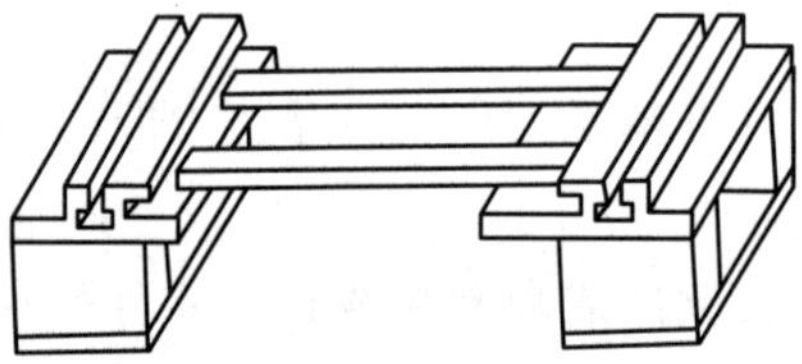

(c) 桥式支撑方式

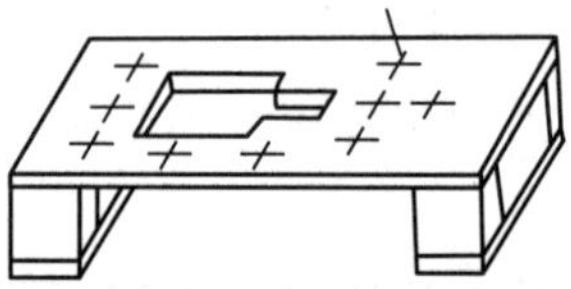

(d) 板式支撑方式

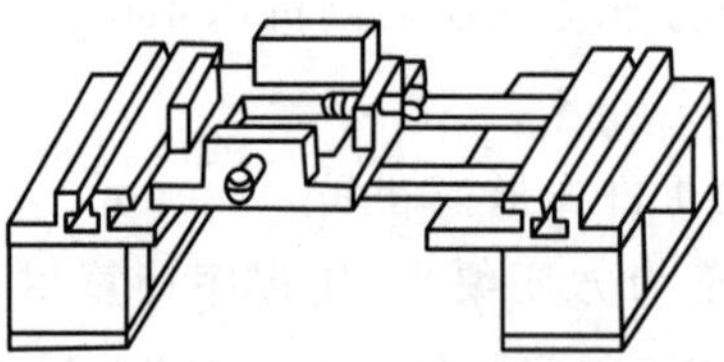

(e) 复式支撑方式

图 3-33 常用的装夹方式

(1)悬臂支撑方式:通用性强,装夹方便。但由于工件单端压紧,另一端悬空,因此工件底部不易与工作台平行,易出现上仰或倾斜致使切割面与工件上下平面不垂直或达不到预定的精度。其适用于要求不高或悬臂较小的情况。

(2)两端支撑方式:支撑稳定,平面定位精度高,工件底面与切割加工面垂直度好,但不适用于较小的零件。

(3)桥式支撑方式:采用两块铁架支撑垫在双端夹具上。其特点是通用性强,大、中、小工件装夹都较为方便。

(4)板式支撑方式:可根据经常加工工件的尺寸而定,呈矩形或圆形孔,并可增加 X、Y 轴方向的定位基准。其装夹精度高,适用于常规生产和批量生产。

(5)复式支撑方式:在桥式夹具上装上专用夹具组合而成。其装夹方便,特别适用于成批零件加工,也可节省工件找正和调整电极丝相对位置等辅助时,易保证工件加工的一致性。

工件装夹时,需依据工件的定位基准面或划线校正工件与机床的正确位置后再夹紧。

3.4.2　电极丝的准备与校正

慢走丝线切割机床的电极丝准备比较简单,下面只讨论快走丝线切割机床电极丝的上丝、穿丝及电极丝的校正等。

1. 上丝

上丝是将电极丝从丝盘绕到快走丝线切割机床储丝筒上的过程。上丝示意如图 3-34 所示,不同的机床操作大同小异。

(1)上丝之前,要先拧松并移开左、右行程开关撞块,再摇动储丝筒,将其旋转到运丝行程的左端或右端,以保证储丝筒上满丝,并防止上丝过程中撞块触动行程开关引起的危险(储丝筒旋转)。

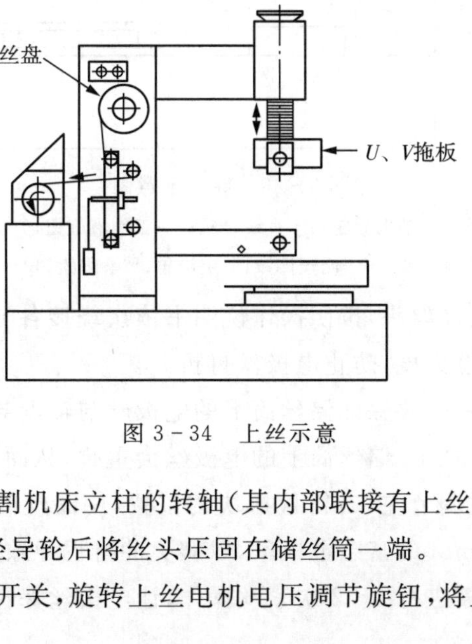

图 3-34　上丝示意

(2)将丝盘安装在线切割机床立柱的转轴(其内部联接有上丝电机,一般为可逆电机)上固定,找出电极丝的丝头,经导轮后将丝头压固在储丝筒一端。

(3)打开上丝电机启停开关,旋转上丝电机电压调节旋钮,将上丝电机的反向张紧力调节到合适程度。储丝筒操作面板如图 3－35 所示。

(4)使用机床随机的储丝筒摇柄摇动储丝筒开始上丝，至另一端上丝结束，将电极丝打折扯断，丝头固定于另一个压固螺钉下。

(5)关闭上丝电机起停开关，上丝过程结束。

此上丝过程适用于线切割的操作新手，上丝操作较为缓慢。对有一定操作经验的熟练工来说可根据经验，直接使用机床的丝筒运丝电机来加快上丝速度(此时一般不加张紧力)。

2. 穿丝

穿丝是将储丝筒上电极丝的一端拆开，让电极丝依次通过机床的各导轮、导电块、水嘴等，最后再回到储丝筒上压固形成运丝闭环的操作过程。穿丝示意如图 3－36 所示，过程如下。

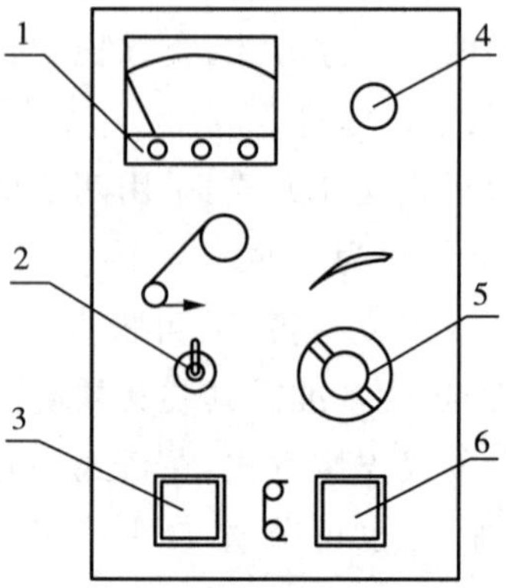

图 3－35　储丝筒操作面板

1—上丝电机电压表；2—上丝电机起停开关；3—丝筒运转开关；4—紧急停止开关；5—上丝电机电压调节旋钮；6—丝筒停止开关

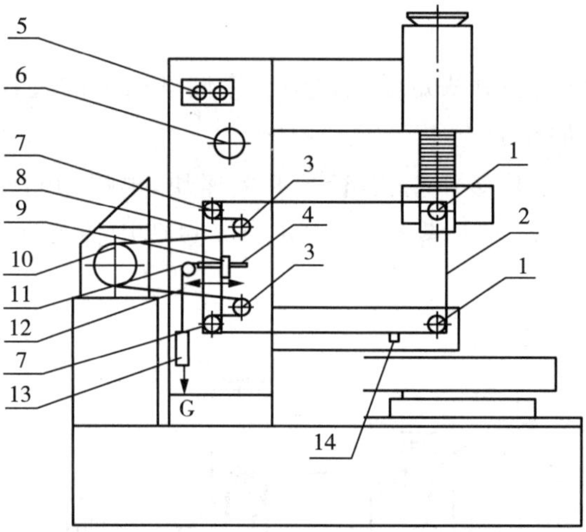

图 3－36　穿丝示意图

1—主导轮；2—电极丝；3—辅助导轮；4—直线导轨；5—工作液旋钮；6—上丝盘；7—张紧导轮；8—移动板；9—导轨滑块；10—储丝筒；11—定滑轮；12—绳索；13—重锤；14—导电块

(1)从储丝筒上拉出电极丝头，按照操作说明书依次绕接各导轮、导电块，穿过水嘴孔回到储丝筒。在操作中要注意力度，防止电极丝打折。

(2)穿丝操作开始时，首先要保证储丝筒上的电极丝与辅助导轮、张紧导轮、主导轮在同一个平面上，否则在运丝过程中，储丝筒上的电极丝会重叠，从而导致断丝。

(3)穿丝结束后要及时调节左、右行程撞块的位置，使储丝筒在左、右往返换向时，储丝筒左、右二端各留有 3～5 mm 的富余电极丝，以避免冲行程导致电极丝缠绕报废。

(4)穿丝完成后，一般需进行 1～2 次紧丝操作，让电极丝保持一定的张力。紧丝时恒张力装置不悬挂重锤，紧丝完成后为使线切割机床运丝时保证恒定张力，可将重锤悬挂在恒张力装置上。悬挂重锤的数量根据电极丝的直径选择，一般电极丝直径 Φ0.12～0.15 mm 时不悬挂重锤，电极丝直径 Φ0.16～0.18 mm 时悬挂 1 个重锤，电极丝直径 Φ0.2 mm 及以上时可悬挂 2 个重锤。其他形式的恒张力装置可根据机床随机文件的说明进行操作。

3. 电极丝的校正

在更换走丝系统导轮、轴承等易损零部件后或精密零件加工前，都需要重新校正电极丝相对夹具装夹平面的垂直度。电极丝垂直度校正的方法常有利用校正块、利用角尺和利用校正器等。火花法校正电极丝垂直度如图 3-37 所示。

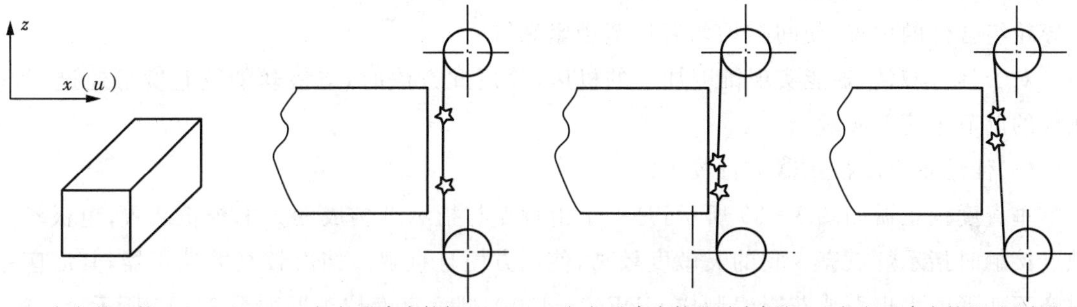

(a) 校正块　(b) 垂直度较好　(c) 垂直度较差（右倾）　(d) 垂直度较差（左倾）

图 3-37　火花法校正电极丝垂直度

(1) 使用校正块进行火花法校正

校正块是一个六方体或类似六方体，如图 3-37(a)所示。在校正电极丝垂直度时，首先可目测，若明显不垂直，则调节 U、V 轴，使电极丝大致垂直工作台；然后将校正块放在夹具工作面上，让电极丝处于运丝状态，在弱规准加工条件下，将电极丝沿 X 轴方向缓缓移向校正块。

当电极丝快要碰到校正块时，电极丝与校正块之间产生火花放电。肉眼观察产生的火花：若火花上下均匀，且如图 3-37(b)所示，则表明在该方向上电极丝垂直度良好；若下面火花多，如图 3-37(c)所示，则说明电极丝右倾，需调整 U 轴，直至火花上下均匀；若上面火花多，如图 3-37(d)所示，则说明电极丝左倾，则需反向调整 U 轴，直至火花上下均匀为止。同理，调节 V 轴的位置，使电极丝在 Y 轴方向垂直度良好。

在用火花法校正电极丝的垂直度时，需要注意以下几点。

① 校正块使用 1 次后，其表面会留下细小的放电痕迹。下次找正时，要重新换位置，不可用有放电痕迹的位置碰火花校正电极丝的垂直度。

② 在精密零件加工前，分别校正 U、V 轴的垂直度后，需要再检验电极丝垂直度校正的效果。具体方法：重新分别从 U、V 轴方向碰火花，看火花是否均匀，若 U、V 轴方向上火花均匀，则说明电极丝垂直度较好；若 U、V 轴方向上火花不均匀，则重新校正、再检验。

③ 在校正电极丝垂直度之前，电极丝应张紧，张力与加工中使用的张力相同。

④ 在用火花法校正电极丝垂直度时，电极丝要运转，以免电极丝断丝（烧断）。

(2)使用角尺进行校正

使用角尺校正电极丝如图 3-38 所示,可以使用宽座角尺,也可以使用刀口角尺。先把角尺放在线切割机床工作台夹具的工件装夹横梁上(或其他夹具的工件支承面上),调节 X 轴拖板,使电极丝与角尺靠近。观察角尺与电极丝之间的间隙,正常应上下均匀一致。若有相差,则可先调整上丝臂的悬伸长度使其垂直。然后把角尺转过 90°,调节 Y 轴拖板,使角尺与电极丝靠近。观察角尺与电极丝之间的间隙,正常上下也应均匀。若有相差,调整上下导轮组合件的位置,使间隙均匀后压紧锁紧螺钉。

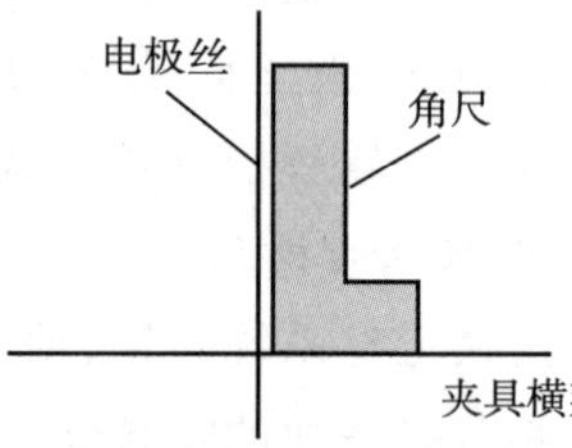

图 3-38 使用角尺校正电极丝

对于具有 U、V 轴能实现锥度加工的机床,使用此方法时,电极丝的垂直度可通过 U、V 拖板的调节来简单实现。

(3)使用垂直度校正器进行校正

垂直度校正器如图 3-39 所示,是一个由触点与指示灯构成的光电校正装置,电极丝与触点接触时指示灯点亮。它的灵敏度较高,使用方便且直观。档次较高的校正器,其底座用耐磨不变形的大理石或花岗岩制成。DF55—J50A 型垂直度校正器如图 3-40 所示。

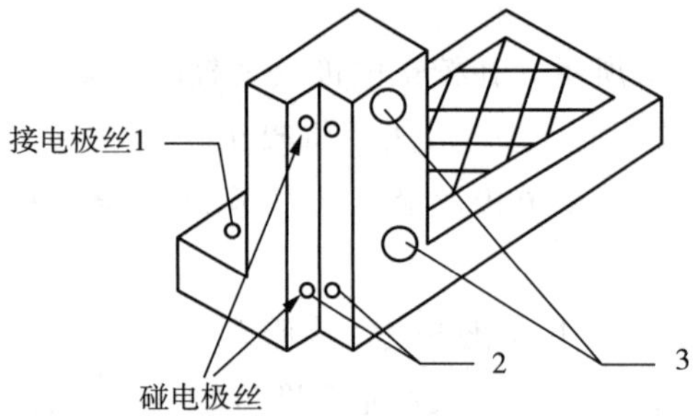

图 3-39 垂直度校正器

1—导线;2—触点;3—指示灯

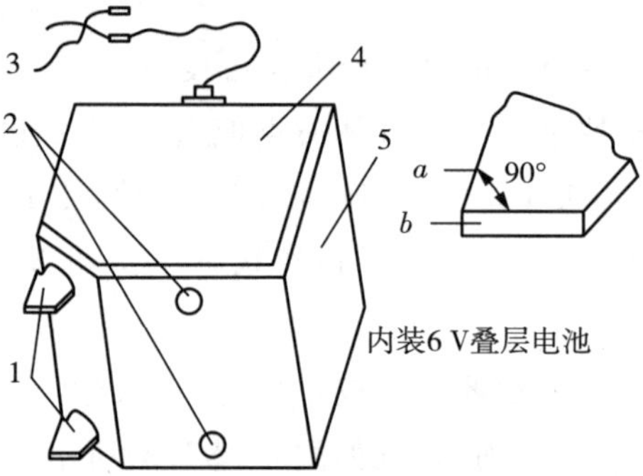

图 3-40 DF55—J50A 型垂直度校正器

1—上下测量头,a、b 为测量面;2—上下指示灯;3—导线及夹子;4—盖板;5—底座

使用垂直度校正器校正电极丝垂直度的过程中,若上下指示灯同时点亮,说明电极丝垂直度良好,否则需对电极丝的垂直度进行调整。具体调节方法与前两种电极丝校正方法相同,不再赘述。

3.4.3 电极丝相对工件的对刀

线切割加工前,一般都需要对刀确定电极丝相对工件的基准面、基准线或基准孔的坐标位置,设定工件加工的坐标系。常用对刀的方法有目测法、火花法、利用机床的接触感知功能及自动找中心等方法。

1. 目测法对刀

对切割加工面与其他表面位置精度要求较低的工件，若用穿丝孔作为定位的基准，可直接用目测来确定电极丝的位置。目测法对刀如图 3-41 所示。也可借助于 2～8 倍的放大镜进行观测来适当提高对刀精度；若穿丝孔非定位基准，则可借助卡尺测量来确定电极丝与其他基准面的位置来实现对刀。

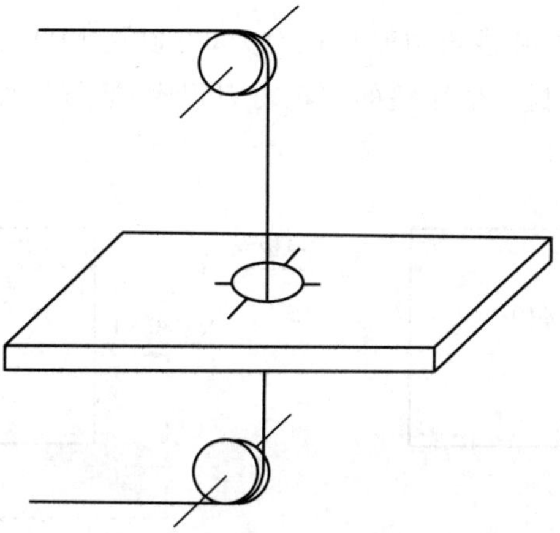

图 3-41　目测法对刀

2. 火花法对刀

火花法对刀即利用电极丝与工件在一定间隙下发生放电的火花，来确定电极丝相对工件的坐标位置。火花法对刀如图 3-42 所示。对加工要求较高的零件可采用电阻法，利用电极丝与工件基面由绝缘到接触短路的瞬间，以两者间电阻突变的特点来确定；也可以连接讯响电路，利用产生的报警信号来确定电极丝的坐标位置。

对于普通的线切割机床可用碰火花的方法找到基准孔的中心。火花法对刀找正孔的中心如图 3-43 所示。

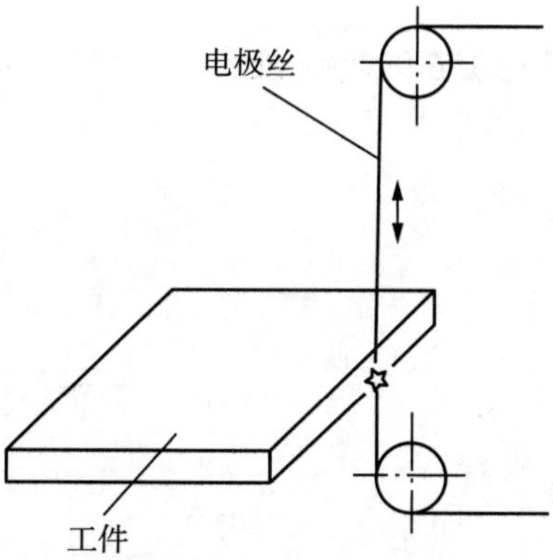

图 3-42　火花法对刀

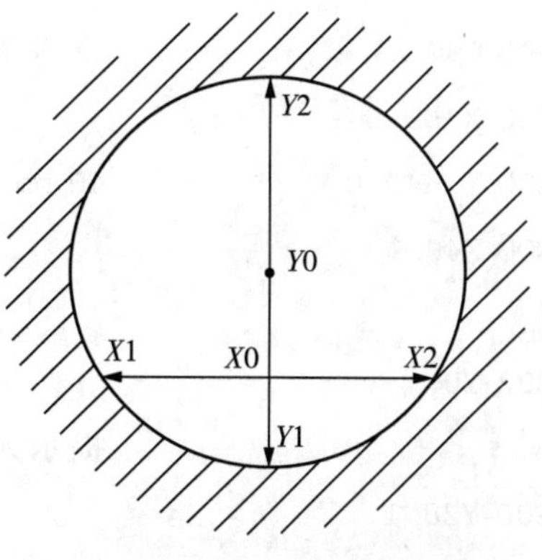

图 3-43　火花法对刀找正孔的中心

先把线切割机床控制部分置于切割状态，开启机床使电极丝运行，合上高频开关，摇动 X 轴手柄，使电极丝缓缓靠近工件孔的一边，直到看见孔的上下发出均匀的火花，记下此时 X 轴的坐标值 X1，再反方向摇动 X 轴。同样地，找到孔的另一边，先记下此时 X 轴的坐标值 X2，然后摇动手柄置 X 轴坐标于这两个坐标值的平均值 X0 处，即孔在 X 轴方向的中心坐标位置，用同样的步骤找出孔在 Y 轴方向的中心坐标 Y0 位置。

3. 利用机床的接触感知功能对刀

利用数控电火花机床接触感知功能找正对刀，可以在 MDI 方式下运行找正指令，也可以根据工件的对刀要求，编制一个完整的找正对刀程序，运行程序来实现对刀找正。接触感知找正对刀如图 3－44 所示。

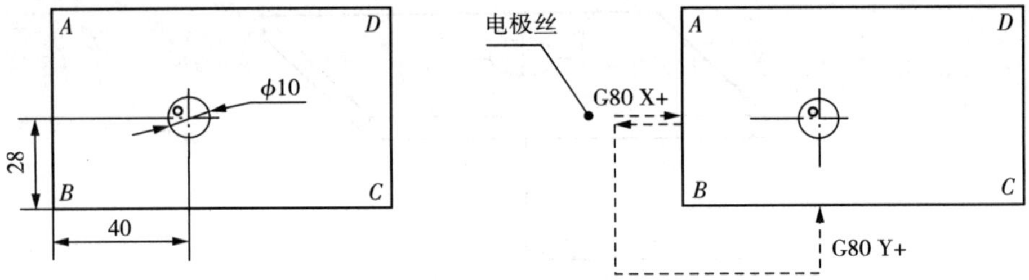

（a）零件毛坯图　　（b）对刀找正示意

图 3－44　接触感知找正对刀

如图 3－44(a)所示零件毛坯图，Φ10 mm 为穿丝孔的直径。现欲线切割加工型孔，孔的直径尺寸设为 Φ30 mm，型孔的两个设计基准为 AB 和 BC 边，孔中心到两个基准边的距离要求分别为 40 mm 和 28 mm，工件毛坯已安装完成，试利用接触感知通过编程实现对刀找正。

如图 3－44(b)所示对刀找正示意，将电极丝对刀并定位于孔中心 O 点的找正对刀程序如下(非唯一，设电极丝的直径为 Φ0.2 mm)：

```
%1111
G80 X+
G54 G90 G92 X0              / X 坐标零点在 AB 边左 0.1 mm 处
M05 G00 X-5.0
G91 G00 Y-40.0              /40 mm 为大致估计值
G90 G00 X40.1
G80 Y+
G54 G92 Y0
M00                         /提示人工解开电极丝
M05 G00 Y28.1
G54 G90 G92 X0 Y0
M02
```

为保证对刀找正准确，找正过程往往需要确认。具体方法：一是找正程序执行完成后，先将 G54 的坐标值抄写下来，再次执行找正程序，若第二次找正结束后，G54 的值基本保持不变即找正正确；二是在找正程序运行结束后，用 MDI 方法执行指令 G55 G92 X0 Y0，亦即先将 G54 的值抄写在 G55 寄存器中，再次运行找正程序，若第二次找正结束后，G54 的值与 G55 的值基本相同（一般 X、Y 坐标误差在 10 um 以内，可以认为相同）即可确认找正正确。

此外，在运行找正对刀程序之前，应确保电极丝相对于工件位于图 3-44(b)所示的位置附近。

4. 利用机床的自动找中心功能实现对刀

用数控机床的自动找中心功能实现对刀找正一般适应于规则型孔。自动找中心可通过操作菜单或操作按键来启动。数控装置运行预设程序，自动检测电极丝与工件基准面的短路瞬间并自动记录、计算坐标值，其原理如图 3-43 所示。预设程序运行结束后，电极丝即自动位于型孔中心 $X0$、$Y0$ 坐标处。

不管用哪种方法，对刀找正前，都必须确保被找正的基准线、基准面不能有毛刺、锈蚀、脏污、氧化皮等影响准确找正的杂物存在。

3.5 锥度线切割加工

3.5.1 锥度加工的原理

1. 锥度加工的实现

要在线切割加工中实现锥度控制，就必须要求电极丝在切割加工的任意方向能相对于工件面产生倾斜，而不再是普通的垂直切割。零件的锥度切割如图 3-45 所示。圆锥台零件和棱锥台零件的锥度切割加工，在不同方位上的电极丝产生对应方向的倾斜，但其和底（顶）面的倾斜角度 α 应保持恒定。

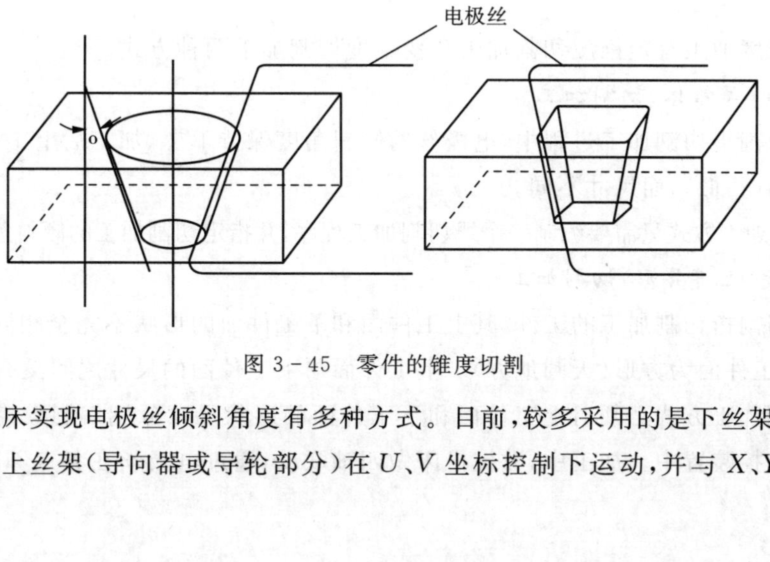

图 3-45　零件的锥度切割

线切割机床实现电极丝倾斜角度有多种方式。目前，较多采用的是下丝架（导向器或导轮部分）不动，上丝架（导向器或导轮部分）在 U、V 坐标控制下运动，并与 X、Y 坐标实现联动的控制方式，电极丝倾斜角度的实现如图 3-46 所示。

锥度切割时，电极丝的倾斜角度(加工锥度)受机床的结构尺寸和 U、V 坐标行程的限制。

2. 锥度加工时电极丝半径补偿的误差

由于线切割加工时其电极丝半径补偿是在 XOY 平面内进行的，但对于锥度切割加工，该补偿量 L 与电极丝相对工件切割表面要求的偏移距离 f 并不一致。锥度加工时半径补偿误差如图 3-47 所示。

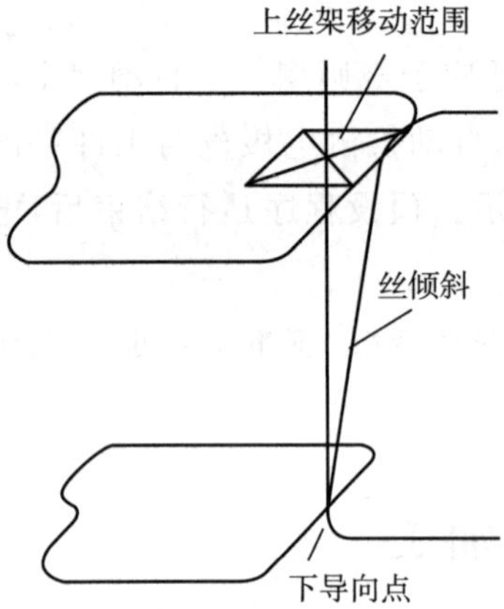

图 3-46 电极丝倾斜角度的实现

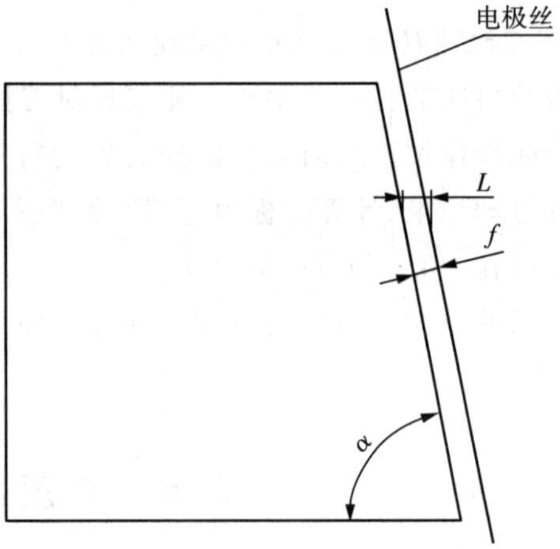

图 3-47 锥度加工时半径补偿误差

该误差将造成工件的加工尺寸误差，特别是对于大锥度切割或精度要求较高的切割加工。此时，必须按加工的半径补偿要求 f 对置入到数控装置的补偿量 L 进行修正。根据图 3-47 中的几何关系可知：

$$L = f / \cos\alpha$$

3.5.2 锥度切割加工的方式

线切割锥度加工有定锥度切割加工和变锥度切割加工两种方式。

1. 定锥度(等锥体)切割加工

定锥度切割指切割加工过程中，电极丝的倾斜角度保持不变，加工后上工件面和下工件面的形状相同(相似)，而尺寸不同。

此种切割加工方式只需要编制一个线切割加工程序，并指定切割加工的倾斜角度即可实现。

2. 变锥度(上下异形)切割加工

变锥度切割指切割加工的工件，其上工件面和下工件面的形状不完全相同，如上工件面为圆形，而下工件面为方形(天圆地方)。上工件面与下工件面的尺寸之间没有必然关系。

这种切割加工方式必须对上工件面和下工件面的形状尺寸分别编制数控程序，并同时输入到机床数控装置中。加工中，数控机床做四轴联动，通过电极丝在各点不断变化的倾斜角度来同时保证上工件面和下工件面的形状尺寸。因此，对于这种方式而言，即使在数控装置的寄存器中输入电极丝的倾斜角度也无效。

3.5.3　锥度切割加工的参数

锥度切割加工是在电极丝垂直加工的基础上，同时叠加了上丝架 U、V 坐标轴的移动得以实现。但是，在数控程序中无法直接指令 U、V 坐标位移，我们在程序中只能指令电极丝的倾斜角度和倾斜方向，或同时指定上、下工件面的形状尺寸；而 U、V 轴的坐标移动是由数控装置根据这些数据和锥度加工设定的各控制面高度参数来自动计算并控制 U、V 轴与 X、Y 坐标联动来实现的。即要实现锥度切割加工，除了在数控编程时，给出电极丝倾斜的角度、方向或上、下工件面形状尺寸等条件外，还必须要进行锥度加工参数的设定。

不同的机床需要设定的加工参数不同。以沙迪克某机床和国产某线切割机床的参数设定为例，锥度加工参数的设定如图 3－48 所示。

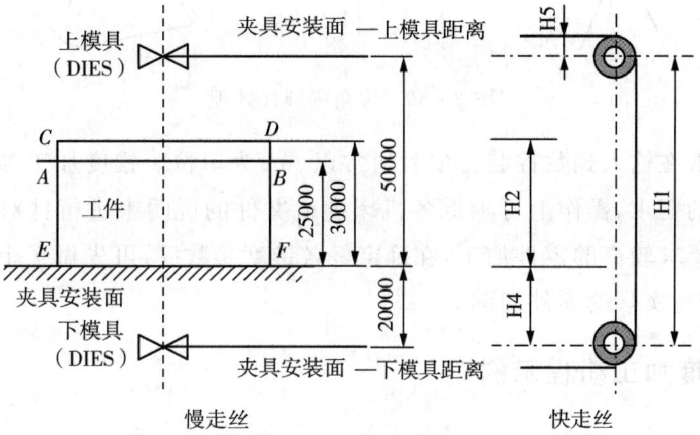

图 3－48　锥度加工参数的设定

对沙迪克某机床来说，其锥度加工参数及其含义如下：

夹具安装面—上模具距离(从夹具安装面到上模具之间的距离)。

夹具安装面—主程序面距离(从夹具安装面到主程序面之间的距离，主程序面上加工图形的尺寸与程序中编制的尺寸一致，为优先保证尺寸)。

夹具安装面—副程序面距离(从夹具安装面到另一个有尺寸要求的面之间的距离。副程序面是另一个希望有尺寸要求的面，此面的尺寸保证级别低于主程序面；对定锥度切割加工来说，副程序面无意义)。

夹具安装面—下模具距离(从下模具到夹具安装面之间的距离)。

在图 3－48 中，若以 A—B 为主程序面，C—D 为副程序面，则相关参数值：

夹具安装面—上模具距离＝50.000 mm；

夹具安装面—主程序面距离＝25.000 mm；

夹具安装面—副程序面距离＝30.000 mm；

夹具安装面—下模具距离＝20.000 mm。

对国产某线切割机床数控系统来说，其锥度加工参数及其含义如下。

$H1$：上、下导轮之间的中心距；

$H2$：工件的厚度；

$H3$：等圆弧处理的最小圆弧半径（尖角等圆弧处理如图 3－49 所示，用于防止 U、V 坐标超行程或因锥度控制而导致的过渡圆弧半径为零或负值）；

$H4$：夹具安装面到下导轮中心之间的距离；

$H5$：导轮的半径（导轮回转中心至导轮 V 型面定位中心之间的距离）。

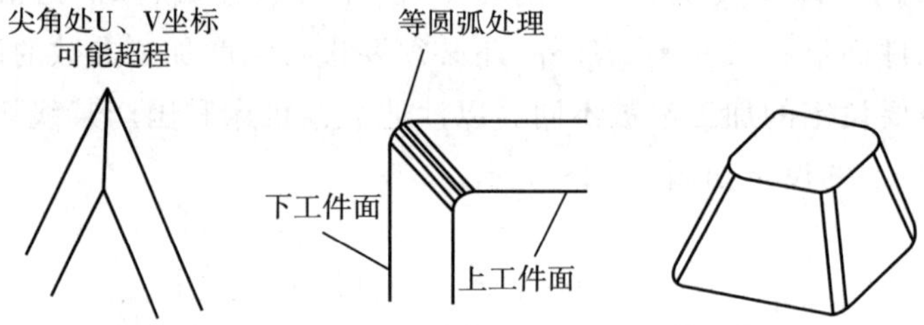

图 3－49　尖角等圆弧处理

锥度加工参数在输入到数控装置中时通常以 um 为单位。锥度加工参数对不同的数控系统来说有不同的要求，操作上可根据各机床随机文件的说明来进行针对性的查找或实测确定。对于精度要求较高的零件加工，在确定好各锥度参数后，可先做一个较小零件的试件加工，确认后再进行实际的零件切割。

3.5.4　锥度加工编程示例

1. 定锥度切割

定锥度加工示例如图 3－50 所示，其加工轨迹程序如下：

```
%2222
G54 G90 G92 X-5.0 Y0
G01 G52 X0 A2.5
Y4.7
G02 X0.3 Y5.0 R0.3
G01 X9.7
G02 X10.0 Y9.7 R0.3
G01 Y-4.7
G02 X9.7 Y-5.0 R0.3
G01 X0.3
G02 X0 Y-4.7 R0.3
```

```
G01 Y0
G50 X-5.0
M02
```

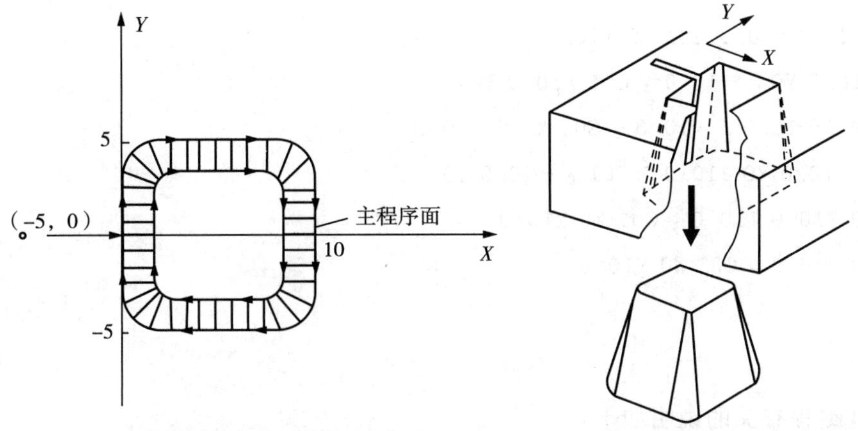

(a) 从Z+轴方向观察的电极丝的动作　　(b) 锥度加工立体图

图 3-50　定锥度加工示例

定锥度加工有关编程的说明如下。

① 程序中 A 指定电极丝倾斜的角度，单位为°(度)。

② 建立电极丝倾斜(G51、G52)和取消电极丝倾斜(G50)的指令，只能写在直线移动的程序段中，不能写在圆弧插补的程序段中。

③ 锥度加工运动时，电极丝倾斜的加载和卸载是一个渐变的过程，就如同电极丝半径补偿建立和取消的处理方式。

④ 锥度控制可以和电极丝半径补偿同时使用。

2. 变锥度切割

如图 3-51 所示，按顺时针方向做变锥度(上下异形)切割，切割加工件的下工件面为直径为Φ20 mm的圆，上工件面为其内接正方形。现以北京阿奇夏米尔线切割机床为例，说明其程序编制。

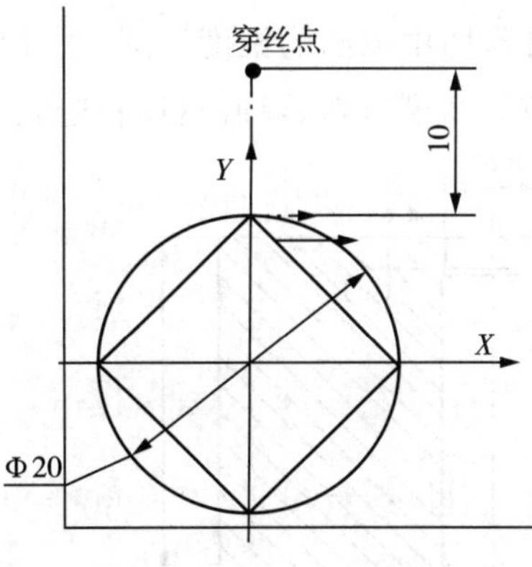

图 3-51　上下异形件

相关的指令有两个：G60(上下异形取消)、G61(上下异形允许)。

注意，当上下异形允许时，等锥度控制 G50、G51、G52 指令不可用；此外，上下异形需分别对上、下工件面轨迹进行编程，且在程序中使用":"来区分。其中":"的左侧为下工件面轨迹图形的程序(主程序)，":"的右侧为上工件面轨迹图形的程序(副程序)。

其程序编制如下：

```
%3333
G92 X0 Y20.0 U0 V0
C007 G61
G90 G01 X0 Y10.0:G01 X0 Y10.0
G02 X10.0 Y0 J-10.0 : G01 X10.0 Y0
G02 X0 Y-10.0 I-10.0 : G01 X0 Y-10.0
G02 X-10.0 Y0 J10.0 : G01 X-10.0 Y0
G02 X0 Y10.0 I10.0 : G01 X0 Y10.0
G01 X0 Y10.0 : G01 X0 Y10.0
G60
M02
```

变锥度编程有关的说明如下：

① 需分别对上、下工件面的轨迹图形进行编程，并将对应程序写在一行程序中，中间以“:”相隔开，程序输入同理；

② 上、下工件面的轨迹节点要相等，轨迹线段数量要一一对应，必要时可将上或下的某些轨迹处理为一个点；

③ 上、下工件面的编程工件坐标系要重合；

④ 上、下工件面起割点和退出点要重合。

3.5.5 锥度加工编程练习

锥度切割零件如图 3-52 所示。图 3-52 中尺寸标注为凹模的刃口尺寸，要求对图示凹模零件作凹中取凸的锥度切割，通过合适的锥度大小控制，保证凸、凹模之间的冲裁间隙，以达到节约凸模材料、降低模具制造成本的目的。

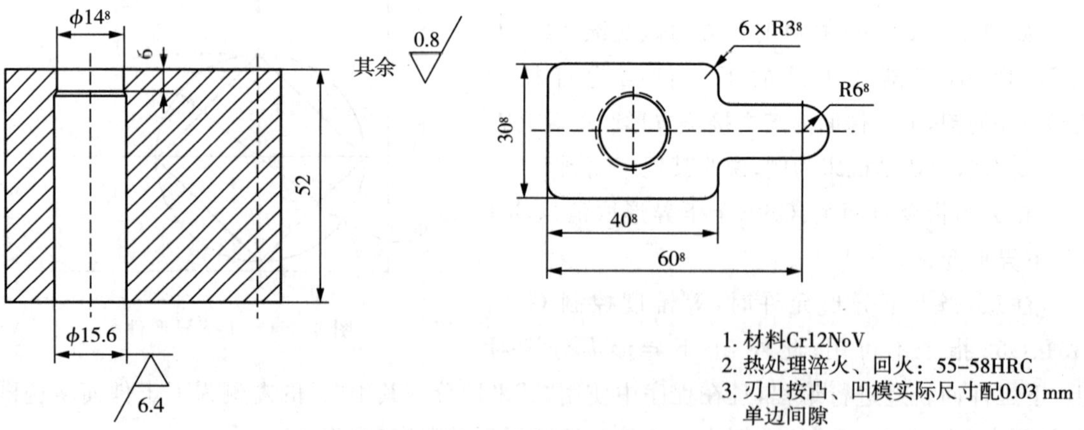

图 3-52 锥度切割零件

凹模零件的机械加工工艺规程卡片见表 3 - 4 所列。

表 3 - 4　凹模零件的机械加工工艺规程卡片

工业中心	机械加工工艺过程卡	产品型号	—	零(部)件图号		共 1 页
		产品名称	—	零(部)件名称	凹模	第 1 页

材料名称	材料牌号	毛坯种类	毛坯尺寸	每毛坯件数	每台件数	零件重量	毛重	
模具钢	Cr12MoV	锻件	130×90×30	1	—		净重	

工序号	工序名称	工 序 内 容	设备名称	夹具	刀具	量具	工时
1	备料	下料：φ80×76	锯床				
2	锻	锻打成：130×90×30	锻锤				
3	热处理	退火					
4	刨	刨六面	刨床				
5	平磨	磨上下大平面	平面磨床				
6	钳	钳工划线，作孔，作线切割穿丝孔	钻床				
7	热处理	淬火、回火 55—58HRC					
8	平磨	磨上下大平面	平面磨床				
9	钳工	退磁	消磁机				
10	线切割	按要求作锥度配制切割，凸、凹模留钳工修光量单边 0.01 mm，中间料做凸模用	线切割				
11	热处理	低温回火					
12	钳工						
			编制	会签	审核		批准
标记、处记、更改文件号、签字、日期	标记、处记、更改文件号、签字、日期						

① 充分理解凹模图纸和加工工艺，理解凹中取凸的实现方式和内外形切割加工的尺寸要求；

② 实测凹模厚度，设加工的有关工艺条件为：使用直径 $\Phi 0.12$ mm 的电极丝，单边放电间隙取 0.01 mm，钳工修改量单边各取 0.01 mm，计算切割加工时的锥度；

③ 编写带锥度控制的 ISO 代码程序；

④ 实际的切割加工；

⑤ 检测凸、凹模配合间隙，分析编程及切割加工的质量。

锥度角计算如图 3 - 53 所示。图 3 - 53 中，H 为凹模的实测厚度、A 为电极丝直径加两个放电间隙、α 为锥度角。由图中尺寸关系可知：

$$A/\cos\alpha = H\tan\alpha + \text{单边冲裁间隙}$$

由于该切割加工中，锥度角 α 一般极小，不超过 1°，故上式可简化：

$$A = H\tan\alpha + \text{单边冲裁间隙}$$

例如，按前述工艺条件，若实测凹模厚度为 25 mm，单边冲裁间隙为 0.04 mm，凸模、凹模均留 0.01 mm 单边修光量（凹模的钳工修光量由刀具偏移实现），则计算可得 $\alpha = 0.25°$。

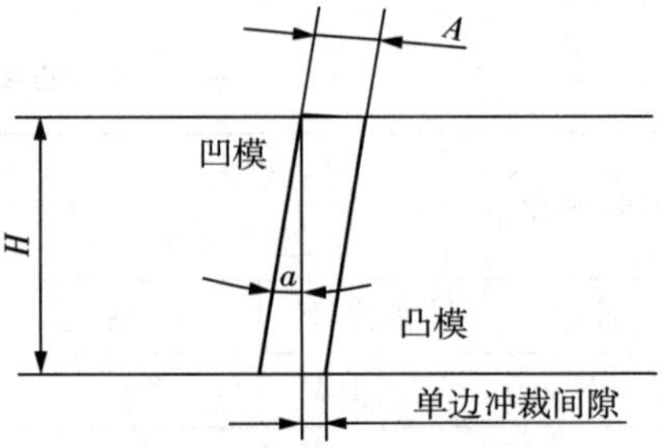

图 3-53 锥度角计算

3.6 线切割加工控制

3.6.1 切割加工的进给速度控制

线切割加工中，一方面，工件不断被放电蚀除，即有一个工件材料蚀除的速度；另一方面，为了火花放电持续进行，电极丝必须向工件进给，即有一个电极丝的进给速度。在正常加工中，蚀除速度应大致等于进给速度，从而使放电间隙保持在一个正常的范围内，使线切割的放电加工能够连续地进行下去。

在国产的快走丝机床中，有很多机床的进给速度需要通过进给跟踪调节旋钮进行人工调节。正常的电火花线切割加工要保证进给速度与蚀除速度大致相等，使进给均匀平稳。

若进给速度过高（过跟踪），即电极丝的进给速度明显超过蚀除速度，则放电间隙会越来越小，导致产生短路。当出现短路时，电极丝会因短路而快速回退；当回退到一定的距离时，电极丝又以大于蚀除速度的速度向前进给，此时极易发生新的短路并再次进行回退。这样频繁的短路、回退现象，一方面会造成加工不稳定，另一方面也易造成断丝。

若进给速度太慢（欠跟踪），即电极丝的进给速度明显落后于工件的蚀除速度，则电极丝与工件之间的距离会越来越大，造成开路。这样出现工件蚀除过程暂时停止，整个加工速度自然会大大降低。

为保证线切割加工稳定，以获得最好的加工效果，机床操作时需仔细调节机床的进给跟踪，使线切割机床获得最佳的进给速度。常用方法如下。

1. 经验电流值

线切割加工时当平均电流（电流表指示电流值）约为高频脉冲电源短路电流的 80%时，

放电加工过程最佳。这一规律可用于判断进给速度调整是否合适。

具体可在高频脉冲电源参数调节结束后、实际切割加工前，对高频脉冲电源作一次短路操作(高频脉冲电源可承受长时间短路)，读出其短路电流的大小，并作为线切割加工进给速度调节的依据。

2. 观察电流表指针摆动情况

可通过观察加工电流表指针的摆动情况来进行判断。正常加工时电流表指针基本不动。若经常向下摆动，则说明是欠跟踪，这时应调快跟踪旋钮；若经常向上摆动，则说明是过跟踪，这时应调慢跟踪旋钮；若指针来回较大幅度摇摆，则说明加工不稳定，这时应判明原因，先做好参数调节(如调整脉冲宽度、脉冲间隔、峰值电流、工作液流量等)再加工，否则易断丝。

3. 示波器观察放电波形

可以通过示波器观察加工中两个电极之间的脉冲波形来判别，示波器波形如图 3－54 所示。在正常条件下，应该是加工放电波最浓，空载波和短路波很少，波形稳定。如果出现波形在空载波和短路波之间来回跳动，则说明加工不稳定。这时需要调节线切割加工的电参数和其他非电参数，将放电过程控制到最佳。

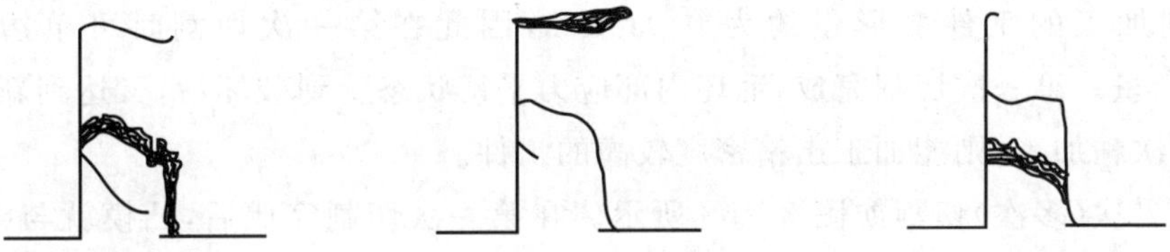

(a) 稳定切割　　(b) 欠跟踪需加快　　(c) 过跟踪需减慢

图 3－54　示波器波形

4. 控制界面小窗口波形

对于使用 YH 编程控制一体化系统的数控线切割机床，可以利用其加工控制界面上的波形取样小窗口观察放电的波形作为进给速度调节的依据。控制界面小窗口波形如图 3－55 所示。

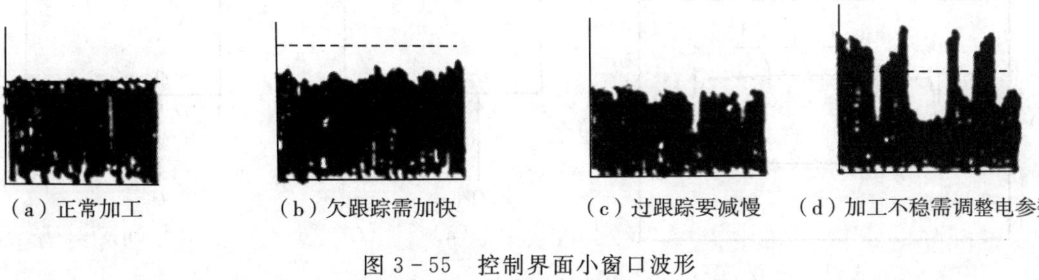

(a) 正常加工　　(b) 欠跟踪需加快　　(c) 过跟踪要减慢　　(d) 加工不稳需调整电参数

图 3－55　控制界面小窗口波形

需要指出的是，并不是所有线切割机床都需要在加工过程中人工调节进给速度，慢走丝机床和部分快走丝机床并未在机床控制面板上设置此类调节旋钮。

3.6.2 切割加工的精度控制

1. 坯料预加工

线切割加工工件时，工件材料被大量去除，工件因内应力重新分布引发变形。去除的材料越多，工件变形越大；去除的材料越少，越有利于减少工件的变形。因此，如果在线切割加工之前，尽可能地预先去除大部分的加工余量，使工件材料的内应力先释放出来，将大部分的残留变形量留在粗加工阶段，然后再进行线切割加工。

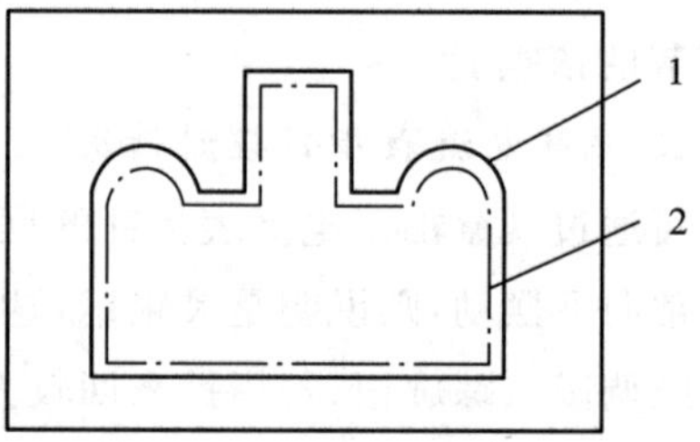

图 3-56 凹模的预加工

1—凹模轮廓；2—预加工轮廓

凹模的预加工如图 3-56 所示，先去除大部分型孔材料，然后线切割成形。若用预铣或电火花成形法预加工，可留 2～3 mm 的余量；若用线切割粗加工法进行预加工，国产快速走丝线切割机床可留 0.5～1.0 mm 的余量。

2. 二次(多次)切割

对经热处理淬硬后的零件进行线切割加工时，最好采用二次切割法，如图 3-57 所示。一般线切割加工的工件变形量约为 0.03 mm，因此在第一次切割时可单边留 0.12～0.2 mm的余量。第一次切割完成，毛坯内部应力平衡状态受到破坏后，又达到新的平衡，此时进行第二次精加工，则能加工出精密度较高的工件。

凸模的二次(多次)切割如图 3-58 所示。在第一次切割完成后，凸模就与毛坯本体分离，导致再次切割不能实现，采取的工艺措施常为留工艺凸台，如图 3-58(b)中的 O_2E 段(凸模台宽)。O_2E 段的长度一般不少于 AD 边长的 1/3(或不少于 5 mm)，凸模成型面多次切割时，保持 O_2E 与坯料连接。待多次切割完成后，沿 O_1F 先将凸模与坯料切断分离，再采用磨削或钳工修磨的方式与 AD 边接平。

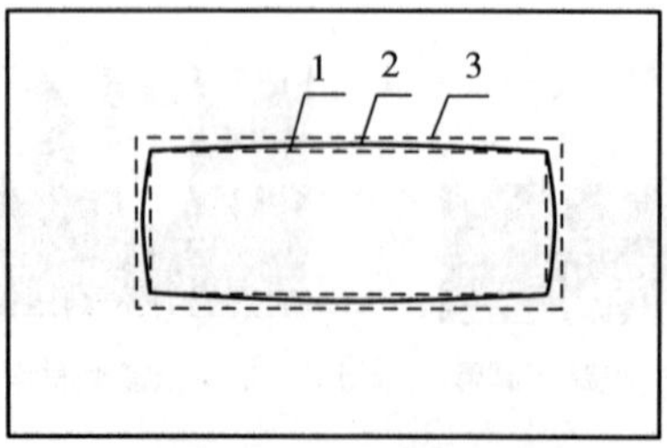

图 3-57 二次切割法

1—一次切割轨迹；2—应力释放后的轨迹；3—二次切割轨迹

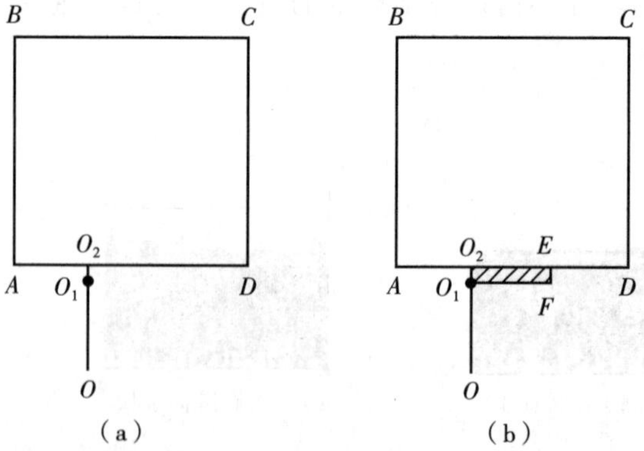

图 3-58 凸模的二次(多次)切割

3. 增加超切程序段

电极丝的滞后如图 3－59 所示。在液体介质中进行脉冲放电时，火花通道的压力对电极丝产生一定的后向推力，使电极丝发生弯曲，如图 3－59(a)所示。这将使得电极丝的实际坐标往往滞后于数控装置指令的运动轨迹坐标。

由于电极丝实际坐标位置滞后，切割直角轨迹工件时，切割轨迹本应在图 3－59(b)中 a 点处转弯，但由于电极丝受到放电通道压力的作用，导致尖角变圆弧过渡。

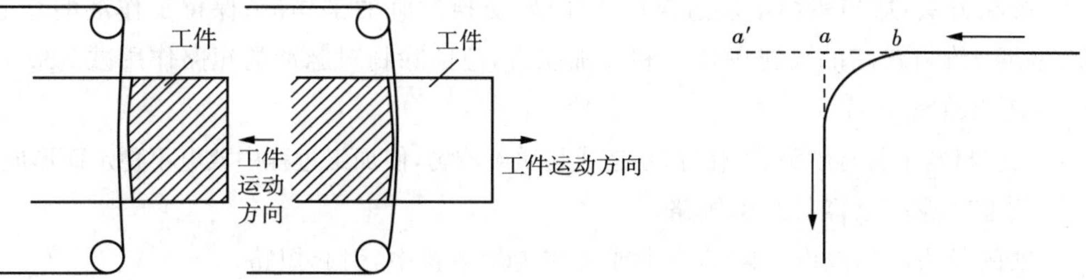

（a）电极丝弯曲　　（b）增加超切程序段

图 3－59　电极丝的滞后

为了避免因电极丝受火花通道压力而造成的滞后给加工工件造成尖角圆弧误差，对精度要求较高的外凸尖角，可在数控编程时，有意识地在尖角处增加一段 $a—a'$ 的超切程序段和 $a'—a$ 的返回程序段。当工作台的运动轨迹从 a 到 a' 再返回到 a 点时，滞后的电极丝也刚好从 b 点运动到了 a 点，从而避免了尖角圆弧的产生。

3.6.3 切割加工中短路处理

电火花线切割加工过程中，随着加工的进行，工件与钼丝之间始终有极小的一段距离，这就是电火花放电间隙。正常情况下，放电间隙的大小与放电参数等因素有关，且能保持合适、稳定的数值。但是，有时由于加工条件的变化，可能会出现钼丝和工件间的放电间隙大小不稳定的现象，严重时可能使钼丝和工件接触，从而造成钼丝和工件短路。钼丝一旦与工件短路，线切割机床将出现工作台自动停止进给；有短路回退功能的机床则会启动回退功能，尝试自动修复到进给状态。

1. 造成短路的主要原因

若加工过程中出现短路，可从以下几个方面进行分析，并排除故障。

(1)进给速度过快

加工中引起短路最常见的原因就是进给跟踪速度调节过快。

① 产生原因：当进给速度大于切割速度时，电极丝将频繁地与工件表面接触，形成短路。

② 排除方法：适当调低自动跟踪速度，减慢伺服进给速度，等待系统自行消除短路。

(2)工件变形或落料不当

① 产生原因：工件变形造成切缝变窄，使切屑无法及时排出或直接夹住电极丝；落料掉下被下丝臂卡住，造成短路。此时应及时停机、取出落料，防止损伤工件和丝臂、导轮组件等。

② 排除方法：在加工之前对工件进行低温回火处理，减少坯料的内应力，可有效防止变形；落料脱落前用磁铁吸住落料，或在切缝中塞入铜皮固定住落料。

(3)工作液浓度过高或过脏

① 产生原因：工作液浓度过高会造成排屑不畅，过脏的工作液夹带的杂质颗粒卡在缝隙之间，造成短路。因排屑不畅造成短路的现象时有发生，特别在加工厚度较大的工件时尤为突出。

② 排除方法：适当稀释浓度过高的工作液，更换过脏的工作液；保持工作液的介电系数和绝缘强度，维持较高的火花爆炸力和清洗能力，使蚀除物对脉冲的短路作用减到最小。

(4)其他原因

① 工件材料中若有砂眼、气孔等，会造成材质不均匀，使加工过程中放电不稳定而形成短路。

② 放电间隙小也容易产生短路。

③ 断的丝头混到放电间隙部位中或夹在走丝装置中，引起短路。

2. 短路后的处理方法

(1)短路自动回退

目前绝大多数线切割机床控制系统都具备短路回退功能，即在加工过程中一旦出现短路，系统可以按照设定的速度自行回退，从而消除短路。

(2)手动回退

因排屑不畅造成短路，若短路自动回退功能不奏效，可先尝试停止加工、关闭高频脉冲开关，关掉工作液泵，用刷子蘸上渗透性较强的汽油、煤油等溶剂，反复在工件的两面随着运动的电极丝向切缝中渗透(要注意钼丝运动的方向)，直至用螺钉旋具等工具在工件下端轻轻地沿着加工的反方向触动钼丝，工件上端的钼丝能随着移动即可；然后，开启工作液泵和高频电源，依靠钼丝自身的颤动，恢复放电，继续加工。

(3)重新加工

若以上两种方法依然不能消除短路状态，只能抽出电极丝，将工件退回到起点重头或反向切割加工。

3.6.4 切割加工的断丝处理

1. 快走丝线切割断丝的原因与防止断丝的方法

(1)若在刚开始加工阶段就断丝，则可能的原因如下：

① 加工电流过大；

② 钼丝抖动厉害；

③ 工件表面有毛刺或氧化皮。

(2)若在加工中间阶段断丝，则可能的原因如下：

① 电参数不当，电流过大；

② 进给调节不当，开路、短路频繁；

③ 工作液太脏；

④ 导电块未与钼丝接触或被拉出凹痕；

⑤ 切割厚件时，脉冲宽度和脉冲间隔过小；

⑥ 丝筒转速太慢。

(3)若在加工最后阶段出现断丝，则可能的原因如下：

① 工件材料变形，夹断钼丝；

② 工件跌落，撞落钼丝。

(4)在快走丝线切割加工中，要正确分析断丝原因，采取合理且有效防止断丝的措施。在实际中往往采用如下方法。

① 减少电极丝(钼丝)运动的换向次数，尽量消除电极丝抖动现象。线切割加工的特点是电极丝在高速切割运动中需要不断换向，在换向的瞬间会造成钼丝松紧不一致，钼丝各段的张力不均，使加工过程不稳定，所以在上丝的时候，电极丝应尽可能上满储丝筒。

② 导轮的制造和安装精度直接影响电极丝的工作寿命。在安装和加工中应尽量减小导轮的跳动和摆动，以减小电极丝在加工中的振动，提高加工过程的稳定性。

③ 选用适当的切割速度。在加工过程中，如切割速度(工件的进给速度)过大，被腐蚀的金属微粒不能及时排出，将导致电极丝经常处于短路状态，造成加工过程的不稳定。

④ 保持电源电压的稳定和工作液的清洁。电源电压不稳定会使电极丝与工件两端的电压不稳定，从而造成击穿放电过程的不稳定。工作液如不定期更换会使其中的金属微粒成分比例变大，逐渐改变工作液的性质而使其失去作用，引起断丝。如果工作液在循环流动中没有泡沫或泡沫很少、颜色发黑、有臭味，则要及时更换工作液。

2. 慢走丝线切割加工中断丝的原因与防止断丝的方法

(1)慢走丝机床加工中出现断丝的主要原因如下。

① 电参数选择不当。

② 导电块过脏。

③ 电极丝速度过低。

④ 张力过大。

⑤ 工件表面有氧化皮。

(2)慢走丝加工中为了防止断丝，主要采取以下方法。

① 及时检查导电块的磨损情况及清洁程度。慢走丝线切割机床的导电块一般加工了60～120 h后就必须清洗1次。如果加工过程中在导电块位置出现断丝，就必须检查导电块，把导电块卸下来用清洗液清洗掉上面粘着的脏物，磨损严重的要更换位置或更换新导电块。

② 有效的冲液(油)条件。放电过程中产生的切屑也是造成断丝的因素之一。切屑若粘附在电极丝上，则会在粘附的部位产生脉冲能量集中释放，导致电极丝产生裂纹，从而发生断裂。因此，加工过程中必须冲走这些微粒。在慢走丝线切割加工中，粗加工阶段的喷液(油)压力要大，精加工阶段的喷液(油)压力要小。

③ 良好的工作液处理系统。慢走丝切割机床放电加工时，工作液的电阻率必须在适当的范围内。绝缘性能太低，工作液将产生电解而形不成击穿火花放电；绝缘性能太高，则放电间隙小、排屑难，易引起断丝。

因此，加工时应注意观察电阻率表的显示，当发现电阻率不能再恢复正常时，应及时更换离子交换树脂；同时，还应检查与工作液有关的条件，如检查工作液的液量、检查过滤压力表，及时更换过滤器，以保证工作液的绝缘性能、洗涤性能和冷却性能，预防断丝。

④ 适当调整放电参数。慢走丝线切割机床的加工参数一般都根据标准选取，但当加工超高件、上下异形件及大锥度切割常常出现断丝时，就要调整放电参数。较高能量的放电将引起较大的裂纹，因此需适当加长放电脉冲的间隙时间、减小放电时间、降低脉冲能量，断丝的概率也随之减少。

⑤ 选择优质的电极丝。电极丝一般都采用锌和含锌量高的黄铜合金作为涂层，在条件允许的情况，尽可能使用优质的电极丝。

⑥ 及时取出废料。废料落下后，若不及时取出，可能与电极丝直接短路，产生能量集中释放，引起断丝。因此在废料落下时，要在第一时间内取出废料。

3. 断丝后原地穿丝处理

断丝后控制电机应保持在“吸合”状态，在确认控制坐标不错的前提下，对快走丝线切割机床，可以去掉较少一边的废丝，把剩余电极丝调整到储丝筒上适当的位置继续使用。因为工件的切缝中充满了乳化液杂质和电蚀物，所以一定先要把工件表面擦干净，并在切缝中先用毛刷滴入煤油，使其润滑切缝，然后在断点处滴一点润滑油(这点很重要)。选一段比较平直的钼丝，剪成尖头，并用打火机火焰烧烤这段钼丝，使其发硬，用镊子捏着钼丝上部，在断丝点顺着切缝以每次 2～3 mm 高度慢慢地往下送，直至穿过工件。如果原来的钼丝已不能使用，可更换新丝。新丝在断点处往下穿，要看原丝的损耗程度。如果损耗较大，切缝也随之变小，新丝则穿不过去，这时可用一小片细砂纸将要穿过的那部分丝打磨光滑后再穿。该方法可使机床的加工效率大为提高。

若在断丝点原地穿丝确有困难，也可以利用机床数控系统的倒走切割功能或反向定义刀具路径重新编程，回切割起点再反方向切割对接来完成整个零件的切割加工，以提高切割加工的效率。

3.7 线切割机床的安全生产与维护保养

3.7.1 线切割加工的安全技术规程

① 进入机床操作环境必须穿合身的工作服、戴工作帽，衬衫要系入裤内，敞开式衣袖要扎紧。女性操作人员必须把长发纳入帽内；禁止穿高跟鞋、拖鞋、凉鞋、裙子、短裤及戴围巾。

② 操作人员必须熟悉线切割机床的操作技术，开机前按机床说明书要求对各润滑点加油润滑。

③ 开动机床前，要检查机床电气控制系统是否正常，工作台和传动丝杠润滑是否充分。先检查工作液是否充足，然后开动机床空转 3～5 min，检查各传动部件是否正常，确认无故障后，才可正常使用。

④ 操作人员必须熟悉线切割加工工艺，按照该工艺正确选用加工参数，按规定的操作顺序操作。

⑤ 用手摇柄转动储丝筒后，应及时取下手摇柄，防止储丝筒转动时将手摇柄摔出伤人。

⑥ 装卸电极丝时，注意防止电极丝扎手；卸下的废丝应放在规定的容器内，防止造成电器短路等故障。

⑦ 停机时，要在储丝筒刚换向后尽快按下停止按钮，以防储丝筒起动时冲出行程而引起断丝。

⑧ 安装工件的位置时，应防止电极丝切割到夹具、夹具与丝架下臂碰撞及超出工作台的行程极限。

⑨ 加工零件前，应进行无切削轨迹仿真运行，并应安装好防护罩。工件应消除残余应力，防止切削过程中夹丝、断丝，甚至工件迸裂伤人。

⑩ 定期检查导轮 V 形槽的磨损情况，如磨损严重应及时更换；经常检查导电块与电极丝接触是否良好，导电块磨损到一定程度时要及时更换。

⑪ 不能用手或手持导电工具同时接触工件与床身(脉冲电源的正极与地线)，以防发生触电。

⑫ 禁止用湿手按开关或接触电器部分，防止工作液及导电物进入电器部分。发生因电器短路起火时应先切断电源，应用四氯化碳等合适的灭火器灭火，不准用水灭火。

⑬ 在检修时，应先断开电源，防止触电。

⑭ 加工结束后断开总电源、擦净工作台，并对夹具等上油。

3.7.2　线切割机床的维护保养

电火花线切割机床维护和保养的目的是保持机床能正常可靠地工作，延长其使用寿命。

1. 机床的维护

① 线切割机床应经常保持清洁，停机 8 h 以上应擦拭干净并涂油防锈。

② 丝架上的导电块、排丝轮、导轮周围及储丝筒两端应经常用煤油清洗干净；清洗后的脏油不应流回工作台的回液槽内。

③ 电极丝电极与工件间的绝缘由工件夹具的绝缘垫块保证，应经常将导电块、工件夹具的绝缘垫块擦拭干净，保证绝缘要求。

④ 导轮、排丝轮及轴承一般在使用 6～8 个月后应成套更换。

⑤ 不定期检查储丝筒电动机的电刷、转子，若发现电刷磨损严重或转子污垢，应更换电

刷或清洁转子。

⑥ 工作液循环系统如有堵塞应及时疏通，尤其要防止工作液渗入机床内部造成电器故障。

⑦ 更换行程限位开关后，需重新调节撞块的撞头。调节原则是保证0.5～1.0 mm的超行程。超行程过小则动作不够可靠，超行程过大则损耗行程开关。

⑧ 机床应与外界振源隔绝，避免附近有强烈的电磁场，整个工作区应保持清洁。

⑨ 当供电电压超过额定电压±10%时，建议用稳压电源。

2. 机床的保养

① 定期润滑。机床各运动部位采用定期润滑方式进行润滑。上下拖板的丝杠、传动齿轮、轴承、导轨，丝筒的丝杠、传动齿轮、轴承、导轨应每天用油枪加油润滑。润滑油型号一般那为HJ－30。加油时要摇动手柄或用手转动储丝筒，使丝杠、导轨全程移动。对导轮、排丝轮轴承进行加油之前，应将导轮、排丝轮用煤油清洗干净后再上油，加油周期为三个月。轴承和滚珠丝杠如果是保护套的形式，可以经半年或一年后拆开注油。

① 定期调整。对于丝杠螺母、导轨及电极丝挡块和进电块等，要根据使用时间、间隙大小或沟槽深浅进行调整。部分线切割机床采用锥形开槽式的调节螺母，则需适当拧紧一些，凭经验和手感确定间隙，保持转动灵活。滚动导轨的调整方法：松开工作台一边的导轨固定螺钉，调节螺钉，看百分表的反应，使其紧靠另一边。挡丝棒和进电块如使用了较长时间，摩擦出痕迹，需转动或移动一下，改变接触位置。

③ 定期更换。线切割机床上的导轮、导轮轴承和挡丝棒等均为易损件，磨损后应及时更换，且使用正确的更换方法。电火花线切割的工作液太脏也会影响切割加工，所以工作液也要定期更换。

④ 定期检查。定期检查机床电源线、行程开关、换向开关等是否安全可靠。此外，每次使用前要检查工作液是否足够、管路是否畅通等。

第 4 章　电加工编程与控制软件应用

1. 课程学习目标

① 分析零件图纸和加工工艺过程卡片，明确电机转子冲片凸模零件的加工要求并分析加工的工艺问题，提出解决措施；

② 制定电机转子冲片凸模零件的线切割加工工艺；确定切割加工的方向和切割起点（穿丝孔的位置）；

③ 熟悉 CAXA 线切割自动编程软件的操作界面；绘制电机转子冲片凸模零件图形；定义切割加工轨迹并模拟加工，后处理产生其线切割加工的 3B 程序；

④ 熟悉 AUTOCUT 编控一体化系统界面，调入转子凸模 DWG 文件进行操作与相关调试；

⑤ 了解电机转子冲片凸模零件毛坯在线切割机床上的装夹与找正；

⑥ 了解线切割加工电规准的规划与选择；

⑦ 能操作线切割加工，对电机转子冲片凸模零件进行加工；并调节切割的速度与工作液的冲液等，保持切割过程正常稳定，模拟处理加工过程中停电故障；

⑧ 电机转子冲片凸模零件切割完成后，进行清洗并依检验样板检测加工的质量，撰写加工质量分析报告。

2. 课程学习背景

（1）工程图纸

电机转子冲片凸模零件图如图 4－1 所示。

（2）工艺文件

电机转子冲片凸模的机械加工工艺过程卡片见表 4－1 所列。

表 4－1　电子转子冲片凸模的机械加工工艺过程卡片

<table>
<tr><td rowspan="2">工业中心</td><td colspan="2" rowspan="2">机械加工
工艺过程卡</td><td>产品型号</td><td>—</td><td colspan="2">零(部)件图号</td><td colspan="2"></td><td>共 1 页</td></tr>
<tr><td>产品名称</td><td>—</td><td colspan="2">零(部)件名称</td><td colspan="2">凸模</td><td>第 1 页</td></tr>
<tr><td>材料名称</td><td>材料牌号</td><td>毛坯种类</td><td colspan="2">毛坯尺寸</td><td>每毛坯件数</td><td>每台件数</td><td rowspan="2">零件
重量</td><td>毛重</td><td></td></tr>
<tr><td>模具钢</td><td>Cr12MoV</td><td>锻件</td><td colspan="2">100×50×60</td><td>1</td><td>—</td><td>净重</td><td></td></tr>
</table>

（续表）

工业中心	机械加工工艺过程卡	产品型号	—	零(部)件图号		共 1 页	
		产品名称	—	零(部)件名称	凸模	第 1 页	
工序号	工序名称	工 序 内 容	设备名称	夹具	刀具	量具	工时
1	备料	下料：φ60×？	锯床				
2	锻	锻打成：100×50×60	锻锤				
3	热处理	退火					
4	刨	刨六面	刨床				
5	平磨	磨上下大平面	平面磨床				
6	钳	钳工划线，打孔，作线切割穿丝孔	钻床				
7	热处理	淬火、回火 55—58HRC					
8	平磨	磨上下大平面	平面磨床				
9	钳工	退磁	消磁机				
10	线切割	按要求配制切割，留钳工修光量单边 0.01 mm	线切割				
11	热处理	低温回火					
12	钳工						

										编制	会签	审核	批准
标记	处记	更改文件号	签字	日期	标记	处记	更改文件号	签字	日期				

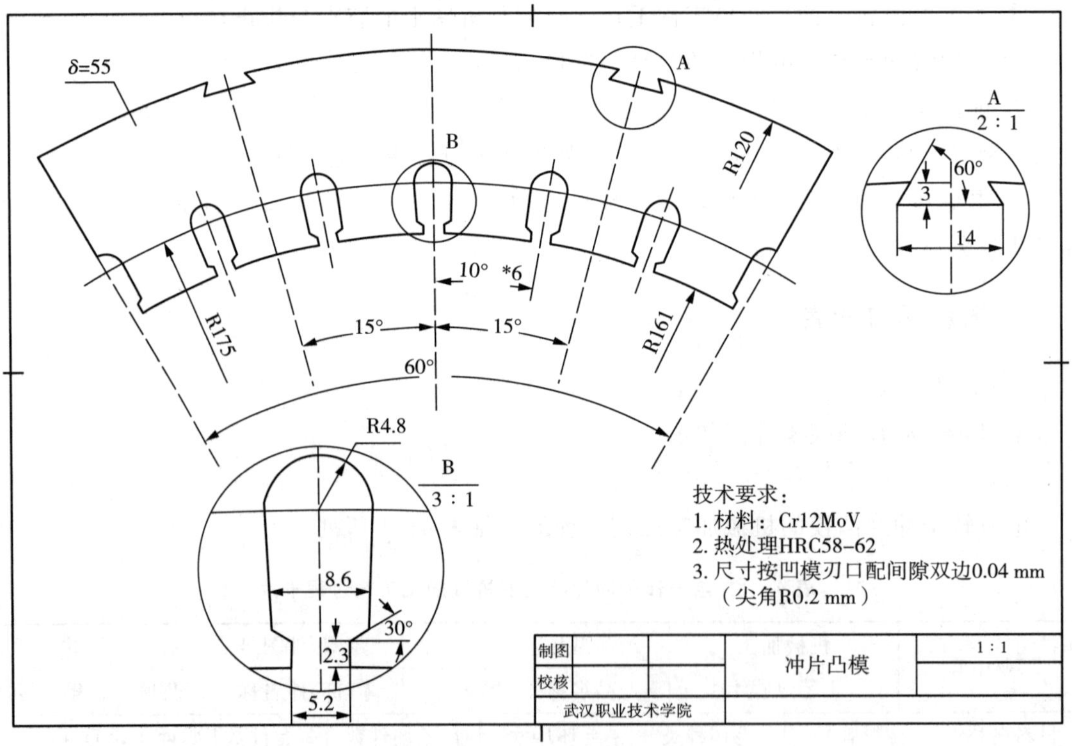

图 4－1　电子转子冲片凸模零件图

4.1　CAXA 线切割自动编程软件

4.1.1　CAXA 线切割 XP 简介

CAXA 线切割是一个面向线数控切割自动编程的软件系统，也是一个线切割加工的计算机辅助自动编程工具软件。CAXA 线切割为各种线切割机床提供快速、高效率、高品质的数控编程代码，极大地简化了数控编程人员的工作。对于在传统编程方式下很难完成的工作，CAXA 线切割软件可以快速、准确完成。CAXA 线切割以交互方式绘制需切割的图形，生成带有复杂形状轮廓的两轴线切割加工轨迹，支持快走丝线切割机床，可输出 3B 后置格式，使用方便、易于掌握，是一款优秀的线切割国产 CAD/CAM 软件。

CAXA 线切割 XP 版，是一个以 Microsoft Windows 平台的编程软件，将设计、编程、通信、互交式图像矢量化功能集于一体，使安装使用更加方便。本节重点介绍 CAM 部分的功能，侧重于线切割加工编程的操作过程。

1. CAXA 线切割 CAM 部分的主要功能

(1)方便有效的后置处理设置

CAXA 线切割针对不同的机床，可以设置不同的机床参数和特定的数控代码，在进行参数设置时无需学习专用语言，可灵活地设置机床参数。

(2)逼真的轨迹仿真功能

系统通过轨迹仿真功能，逼真地模拟从起切到加工结束的全过程，并能直观地检查程序的运行状况。

(3)直观的代码反读功能

CAXA 线切割系统可以将生成的代码反读进来，生成加工轨迹图形，由此对代码的正确性进行检验。此外，该功能可以对手工编写的程序进行代码反读，所以其可作为线切割手工编程模拟检验器来使用。

(4)优越的程序传输方式

可以将计算机与机床直接联机，CAXA 线切割采用了多种程序传输方式，有应答传输、同步传输、串口传输、纸带穿孔等，能与国产的所有机床进行通信，将程序发送到控制器上。

2. CAXA 的主界面

CAXA 线切割 XP 主界面如图 4-2 所示，CAXA 的主界面包括文件名、下拉菜单、图标命令、绘图显示区、命令提示行等。与所有可视化应用软件的操作一样，命令菜单是 CAXA 的核心。

CAXA 线切割 XP 的菜单系统包括下拉菜单、图标菜单、立即菜单、工具菜单、右键菜单，与操作 Office 软件一样可使用鼠标进行操作，较容易上手。

3. 下拉菜单

下拉主菜单位于主界面的顶部，由一行主菜单和下拉子菜单组成。下拉主菜单如图 4-

3 所示，下拉子菜单如图 4－4 所示。

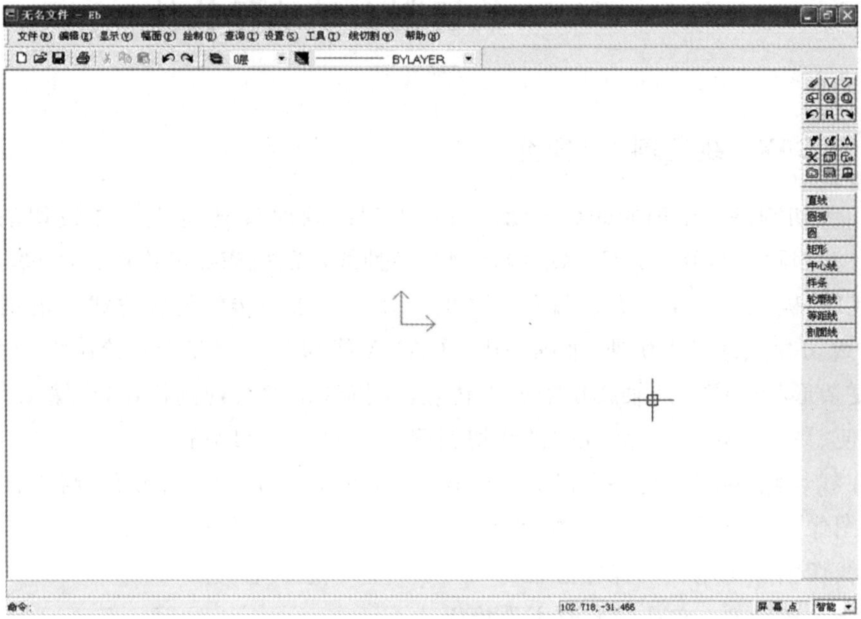

图 4－2　CAXA 线切割 XP 主界面

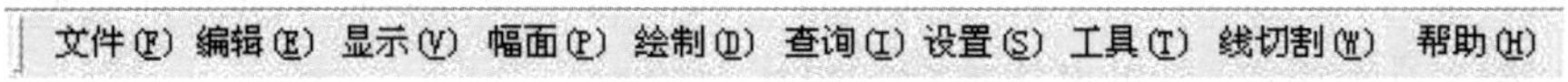

图 4－3　下拉主菜单

(1)文件菜单

文件菜单主要用于文件的新建、保存、打开等操作，菜单功能明细如下：

新文件：创建一个文件(快捷键 Ctrl＋N)；

打开文件：打开一个已有的文件(快捷键 Ctrl＋O)；

存储文件：保存当前文件(快捷键 Ctrl＋S)；

另存文件：更换名称及路径保存当前文件；

文件检索：查找符合条件的文件；

并入文件：将一个已有的文件合并到当前文件；

部分存储：将当前文件的一部分图素存储为一个文件；

绘图输出：文件的打印设置(快捷键 Ctrl＋P)；

数据接口：为非 CAXA 的数据文件格式提供相应的接口；

应用程序管理器：管理 CAXA 线切割软件的二次开发应用程序；

退出：退出本系统。

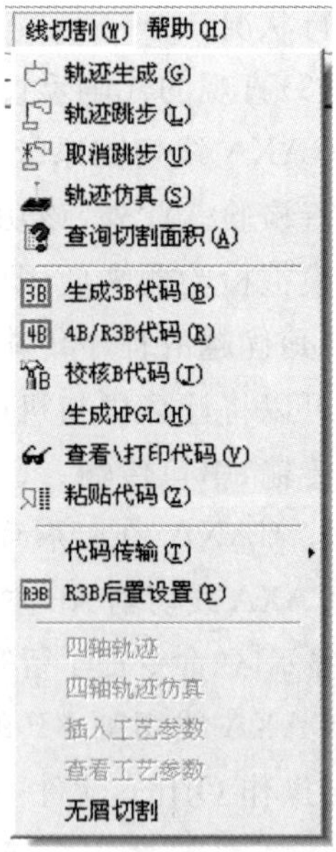

图 4－4　下拉子菜单

(2)编辑菜单

编辑菜单中含有 Microsoft Windows 中较常用的一些命令和改变图形属性的命令。编辑菜单的下拉菜单功能如下：

取消操作：取消上一次的操作(快捷键 Ctrl＋Z)；

重复操作：恢复一个"取消操作"命令(快捷键 Ctrl＋Y)；

图形剪切：剪切选中的图形或 OLE 对象(快捷键 Shift＋Delete)；

图形拷贝：拷贝选中的图形或 OLE 对象(快捷键 Ctrl＋C)；

图形粘贴：对图形或 OLE 对象进行粘贴；

选择性粘贴：选择合适的格式将剪贴板中的内容粘贴到文档中；

插入对象：插入一个新 OLE 对象；

删除对象：删除一个选中的对象；

对象属性：显示所选对象的属性；

拾取删除：删除所拾取的实体；

删除所有：删除当前文件上的所有实体；

改变颜色：改变实体的颜色；

改变线型：改变实体的线型；

改变层：改变所选实体的图层。

(3)显示菜单

显示菜单主要用于控制绘图工作区的显示，其包括的下拉菜单及功能如下：

重画：刷新屏幕；

鹰眼：通过鹰眼可以浏览图纸整体，定位和放大；

显示窗口：用窗口将图形放大；

显示平移：指定屏幕的显示中心；

显示全部：显示全部图形；

显示复原：复位显示图形的初始状态；

显示比例：按给定的比例将图形缩小或放大显示；

显示回溯：显示前一幅图形；

显示向后：显示后一幅图形；

显示放大：按固定比例(1.25 倍)将图形放大显示；

显示缩小：按固定比例(0.8 倍)将图形缩小显示；

动态平移：拖动鼠标平行移动图形；

动态缩放：拖动鼠标放大缩小图形；

全屏显示：全屏幕显示图形。

(4)幅面菜单

幅面菜单主要为满足图形输出时的要求。CAXA 线切割 XP 预置了一些标准图幅、图框等。下拉菜单有及功能如下。

图纸幅面:设置图纸幅面绘图比例。软件预置了多种常见幅面的图纸,并且可以根据要求自定义幅面,并设置绘图比例。

图框设置:根据新选幅面选择预置的图框或者自定义生成图框。

标题栏:提供预置的标题栏,可自定义生成标题栏及自动填写标题栏。

零件序号:提供零件序号的生成、删除及序号格式的编辑功能。

明细表:提供设置明细表的格式,自动填写明细表,并可以将 Excel 数据自动填写到明细栏及将明细栏数据输出。

背景设置:设置绘图工作区背景。

(5)绘制菜单

绘制菜单是 CAXA 线切割 XP 的 CAD 部分,能够提供各种平面图形的绘制和编辑命令。其有两级下拉菜单,即图形绘制菜单及高级曲线子菜单,如图 4-5 所示。

基本曲线:提供基本的绘图命令,如直线、圆弧等。

高级曲线:提供高级的绘图命令,如图 4-5 所示。这是 CAXA 国产 CAM 软件的一大特点,使制图过程更加简化,以便用户可以集中精力于 CAM 的加工过程,而不至于在图形绘制上花费过多的时间。

工程标注:提供尺寸标注、形位标注及标注格式设置等命令。

曲线编辑:提供曲线编辑及特征操作命令,如"镜像""平移"功能等。

块操作:对图形中进行块操作,如"生成块""打散块"等。

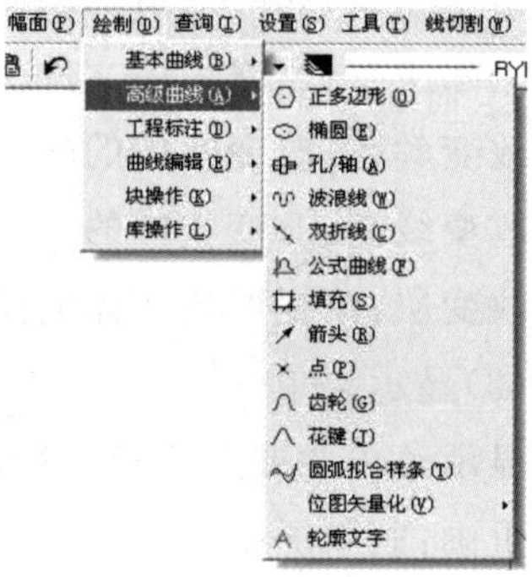

图 4-5　图形绘制菜单及高级曲线子菜单

库操作:自定义图库、插入已定义的标准件及标准件库文件管理。

(6)查询菜单

查询菜单如图 4-6 所示,主要提供查询工具,进行绘图信息和系统信息的查询。例如,坐标点的查询,可以一次查询多个目标点的坐标。

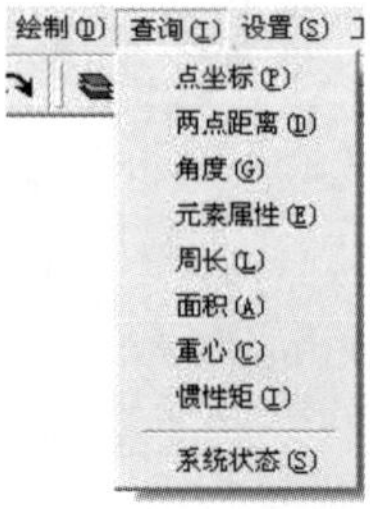

图 4-6　查询菜单

(7) 设置菜单

设置菜单用于绘图图面管理,如线型、颜色、屏幕点、拾取、文字、剖面图案等。

(8)工具菜单

工具菜单提供图纸管理、打印排版、EXB 文件浏览、记事本、计算器、画笔等工具。

(9)线切割菜单

线切割菜单用于线切割编程操作,是 CAXA 线切割软件的主要菜单。其功能如下。

轨迹生成:生成加工轨迹。在绘制好的图形上选择要切割的图形,确定偏移补偿方式和方向,切割起点和终点,最终生成一条绿颜色的切割加工轨迹。

轨迹跳步:用跳步方式连接所选轨迹。

取消跳步:取消轨迹之间的跳步连接。

轨迹仿真:进行轨迹加工的仿真演示。根据切割轨迹,可以动态演示线切割轨迹的切割加工过程。

查询切割面积:计算线切割面积。

生成 3B 代码:生成所选轨迹的线切割加工 3B 程序代码。

生成 4B/R3B 代码:生成所选轨迹的线切割加工 4B/R3B 代码。

校核 B 代码:校核已经生成的 B 代码。

生成 HPGL:生成所选轨迹的 HPGL 代码。

查看/打印代码:查看或打印已生成的加工代码。

粘贴代码:将代码文件的内容粘贴到绘图区。

代码传输:传输已生成的加工代码。

R3B 后置设置:对 R3B 格式进行设置。

四轴轨迹:设置机床类型。

四轴轨迹仿真:进行四轴轨迹加工的仿真演示。

插入工艺参数:设置线切割的工艺参数。

查看工艺参数:查看线切割的工艺参数。

无屑切割:设置无屑加工。

(10)帮助菜单

日积月累:介绍软件的一些操作技巧;

帮助索引:打开软件的使用帮助;

命令列表:查看各功能的键盘命令及说明;

关于 CAXA 线切割:显示版本及用户信息。

4. 图标工具栏

图标工具栏用图标比较形象地展示了各个图标的动能,用户可根据自己的习惯和要求进行自定义设计,选择最常用的工具图标,放在适当的位置,使操作适应个人习惯。图标工具栏包括标准工具栏、属性工具栏、常用工具栏、绘制工具栏和基本曲线工具栏五个部分,包括了所有下拉菜单命令中的子菜单命令。

图标工具栏是 Microsoft Windows 软件的一个共同特点,其形象、生动。

5. 右键菜单

右键菜单如图 4－7 所示。在绘图时选中实体,点击鼠标右键后出现的一个菜单,这也是 Microsoft Windows 的一个鼠标操作特点。

4.1.2 CAXA 线切割编程

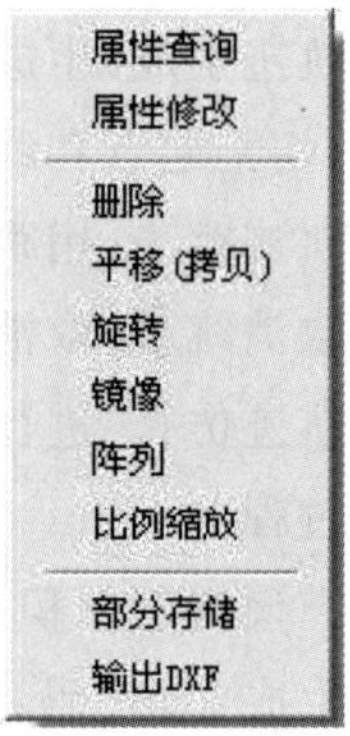

图 4-7 右键菜单

在使用 CAXA 线切割 XP 软件自动编程之前，需根据工件加工图纸的尺寸要求绘制图形。由于这与大多数 CAD 软件的操作类似，在此不再赘述。下面直接介绍其线切割编程操作。

1. 切割轨迹的生成

线切割加工轨迹的生成是产生数控加工程序的基础。所谓线切割加工轨迹就是在电花线切割加工过程中，金属电极丝切割的走刀路径。

CAXA 线切割 XP 的轨迹生成功能是在已有 CAD 轮廓的基础上，结合各项工艺参数，由计算机自动地计算加工轨迹。

所谓轮廓就是一系列首尾相接曲线的集合。轮廓一般分为三个大类：开轮廓、闭轮廓和有自交叉点轮廓。如果轮廓用来界定被加工区域，则指定的轮廓应是闭轮廓；如果加工的是轮廓本身，则轮廓可以是闭轮廓，也可以是开轮廓。但不管在哪种情况下，生成轨迹的轮廓线均不应有自交叉点。

操作说明如下。

(1)在 CAXA 线切割 XP 中，轨迹生成可以通过主菜单“线切割”—“轨迹生成”，可弹出切割参数表选项卡和偏移量/补偿值选项卡对话框，如图 4-8、图 4-9 所示。

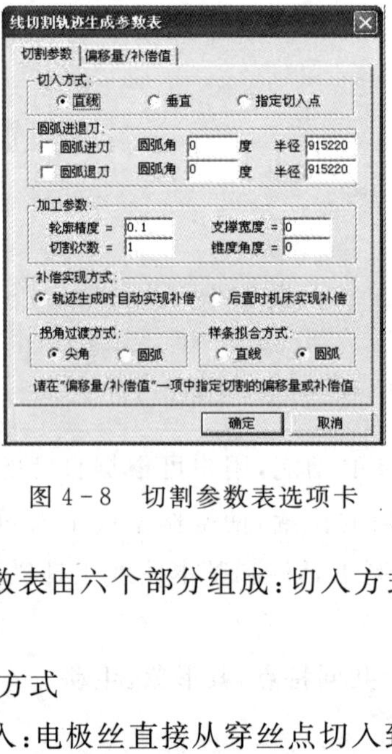

图 4-8 切割参数表选项卡

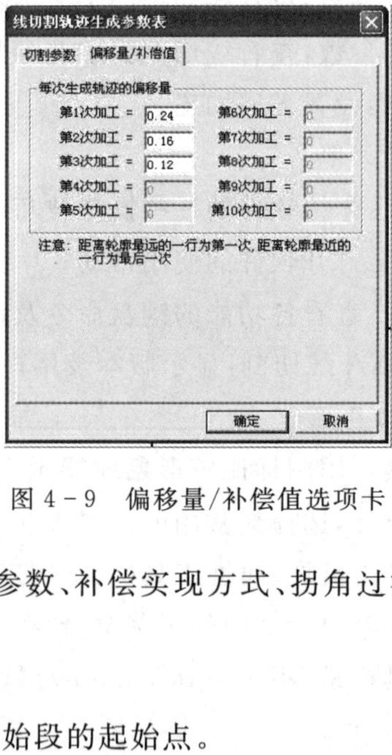

图 4-9 偏移量/补偿值选项卡

切割参数表由六个部分组成：切入方式、加工参数、补偿实现方式、拐角过渡方式、样条拟合方式。

① 切入方式

直线切入：电极丝直接从穿丝点切入到加工起始段的起始点。

垂直切入：电极丝从穿丝点垂直切入到加工起始段，以起始段上的垂足点为加工起始点。

当在起始段上找不到垂足点时，电极丝直接从穿丝点切入到加工起始段的起始点。此时等同于“直线”方式切入。

指定切入点：电极丝从穿丝点切入到加工起始段，以指定的切入点为加工起始点。

② 加工参数

切割次数：工件切割加工的次数，最多可设为10次。

轮廓精度：轮廓中有样条曲线时的离散误差，对有样条曲线组成的轮廓，系统将按给定的误差把样条曲线离散成直线段或圆弧段，用户可按需要来控制加工的精度。

锥度角度：锥度加工时电极丝倾斜的角度。如果锥度角度大于0°，则关闭对话框后用户可以选择是左锥度还是右锥度；

支撑宽度：进行多次切割时，指定每次切割轨迹始末点间保留的一段不切割部分的长度。当切割次数为1次时，该支撑宽度值无效。支撑宽度其实是针对凸形零件的多次切割而设计的。有些软件称此宽度为凸模台宽。

③ 补偿实现方式

轨迹生成时自动实现补偿，生成的轨迹直接带有偏移量，实际加工中即沿该轨迹加工。后置时机床实现补偿，生成的轨迹在所要加工的轮廓上，通过在后置处理生成的代码中加入给定的补偿值来控制实际加工中所走的路线。

每次切割所用的偏移量或补偿值在“偏移量/补偿值”对话框中指定。当采用轨迹生成实现补偿的方式时，指定每次切割所生成的轨迹距轮廓的距离；当采用机床实现补偿时，指定每次加工所采用的补偿值。该值可能是机床中的一个寄存器变量，也可能是实际的偏移量，要视实际情况而定。

④ 拐角过渡方式

尖角：轨迹生成中，轮廓的相邻两边需要连接时，各边在端点处沿切线延长后相交形成尖角，以尖角的方式过渡。

圆弧：轨迹生成中，轮廓的相邻两边需要连接时，以插入一段相切圆弧的方式过渡连接。

⑤ 样条拟合方式

直线：用直线段对加工的样条曲线轮廓进行拟合。

圆弧：用圆弧段对加工的样条曲线轮廓进行拟合。

(2)切割参数填写完成后，选中第二页对话框，按切割次数填写补偿量表，点击“确定”按钮，对话框收起，回到绘图区，在下边的命令提示行，有“拾取轮廓”的提示，软件系统进入拾取轮廓状态。使用鼠标点击图形轮廓线，被拾取的轮廓线变红，表示已被选取。

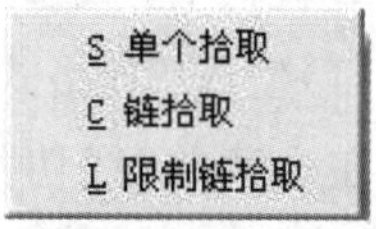

图4-10 “轮廓拾取工具”立即菜单

此时可以使用空格键弹出“轮廓拾取工具”立即菜单，如图4-10所示。线切割加工的走刀方向与拾取的轮廓方向相同。

单个拾取：拾取过程中每次只拾取一条曲线。

链拾取：首先拾取一条曲线，然后给定一个搜索方向，即链拾取方向，系统将按给定方向搜索与已拾取的曲线首尾相连的曲线，搜索到的曲线即被自动拾取上。这一过程持续进行，直到曲线断开，或当搜索到的曲线已是被拾取上的曲线才结束。

限制链拾取：首先拾取一条曲线，给定一个搜索方向，即链拾取方向，然后给定限制曲线，系统将按给定方向搜索与已拾取的曲线首尾相连的曲线，搜索到的曲线即被拾取上。这一过程持续进行，直至搜索到的曲线为限制曲线，或者已经是被拾取上的曲线，或者到曲线断开为止。

(3) 选择加工轨迹的侧边，即电极丝偏移的方向，生成的轨迹将按这一方向自动实现电极丝的偏移补偿，补偿的量即为指定的偏移量加上加工参数表里设置的加工余量。

(4)指定穿丝点位置及最终切到的位置。

完成上述步骤后即可生成加工轨迹。在绘制区有一条绿色曲线生成。这条绿色线即为加工轨迹。

注意：穿丝点的位置必须指定，且穿丝点与轮廓的位置尺寸关系要明确。这样便于今后的切割加工操作。

小技巧：轨迹生成后，可通过曲线编辑功能对生成的轨迹进行编辑处理，如拷贝、旋转等操作。

2. 轨迹仿真

对已生成的加工轨迹进行加工过程模拟，可以检查加工轨迹的正确性。对系统生成的加工轨迹，仿真时用生成轨迹时的加工参数，即轨迹中记录的参数；对从外部反读进来的刀位轨迹，仿真时用系统当前的加工参数。

在 CAXA 线切割 XP 中，轨迹仿真操作可以通过菜单“线切割”→“轨迹仿真”实现，或在“轨迹生成”工具栏中先点击“轨迹仿真”按钮，然后拾取前面生成的轨迹。在屏幕下边出现了轨迹仿真选项卡，如图 4－11 所示。可选择 1：“连续”或“静态”，2：修改步长。在连续状态下，修改步长可以调整动态仿真过程的速度。

图 4－11 轨迹仿真选项卡

3. 生成加工程序

CAXA 线切割 XP 可以把加工轨迹自动处理成为加工机床所能识别的加工程序。CAXA 线切割 XP 能生成的程序代码形式包括生成 3B 加工代码、生成 4B/R3B 加工代码、校核 B 代码、生成 G 代码内容。

(1)生成 3B 格式程序

在主菜单“线切割”中下拉菜单“生成 3B 加工代码”对话框(如图 4－12 所示)，或点击“代码生成”按钮，弹出“代码生成”工具栏。

在“文件名(N)”栏中输入程序的名字，如“1”，单击“保存”按钮，在屏幕下方出现生成 3B 程序的立即菜单(如图 4－13 所示)选项。

图 4-12　生成 3B 加工代码对话框

图 4-13　生成 3B 程序的立即菜单

先指定 1、2、5 项的格式，然后拾取加工轨迹，点击鼠标右键或键盘回车键结束拾取后，被拾取的加工轨迹即转化成 3B 加工代码，如图 4-14 所示。

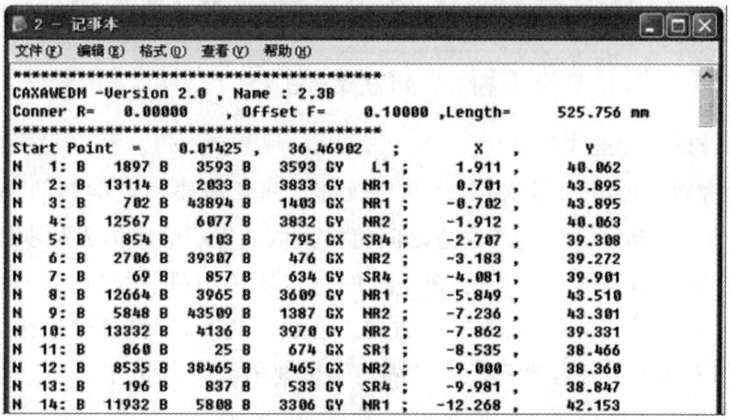

图 4-14　生成 3B 加工代码

程序格式有以下几种。

指令校验格式：在生成数控程序的同时，将每一轨迹段的终点轨迹坐标也一起输出，以供检验程序之用。

紧凑指令格式：只输出数控程序，并且将各指令字符紧密排列。

对齐指令格式：将各程序段相应的代码一一对齐，并且每一指令字符间用空格隔开。

详细校验格式：不但输出数控程序，而且还提供各轨迹段起终点的坐标值、圆心坐标值、半径等。

还可以设置计算机与机床进行数据传输的方式：串口传输、纸带穿孔、同步传输、应答传输及不传输代码的设置。

(2)生成 4B/R3B 代码

在下拉菜单中选择“生成 4B/R3B 代码”，就可以像生成 3B 格式程序代码一样操作，生成 4B 格式程序代码。4B 格式代码有两种，可以根据需要选择。

(3)生成 G 代码

类似地，在下拉菜单中选择“生成 G 代码”，就可以像生成 3B 格式程序代码一样操作，生成 G 代码格式程序。G 代码的文件名后缀是“.iso”。G 代码格式还可以通过后置设置来设置 G 功能指令，以适应不同线切割机床数控系统的指令格式要求。机床类型设置如图4－15所示。

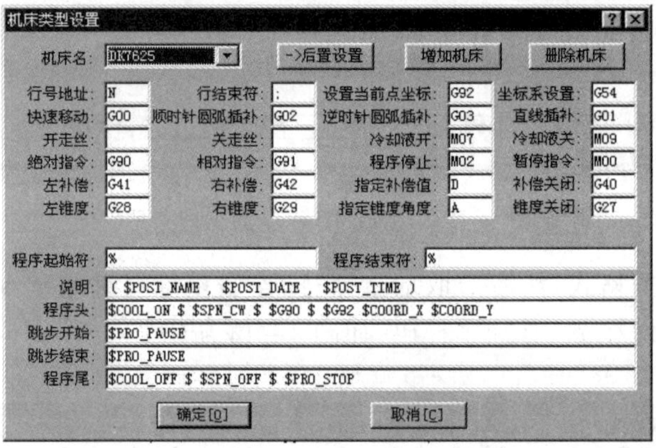

图 4－15 机床类型设置

4. 多个轮廓的轨迹“跳步”

当有多个轮廓轨迹要分别切割时，轨迹与轨迹之间就需要抽丝空移动——跳步。CAXA 线切割 XP 可拾取多个轨迹。轨迹与轨迹之间将按拾取的先后顺序生成跳步线，被拾取的轨迹将变成一个轨迹，生成加工程序。因此，新生成的跳步轨迹中只能保留一个轨迹的加工参数，系统中只保留第一个被拾取的加工轨迹中的加工参数。此时，如果各轨迹采用的加工锥度角度不同，生成的加工代码中只有第一个加工轨迹的锥度角度。由此可见，不同参数的轨迹不能生成一个程序，要生成多个程序。轨迹跳步如图 4－16 所示。

(a) 没有跳步　　(b) 跳步

图 4－16 轨迹跳步

4.1.3　CAXA程序传输

程序传输功能可以将数控加工程序代码通过通信电缆直接从计算机传输到数控机床上。这解决了手工键盘输入的繁琐性和易出错性，节省了用键盘输入程序的时间和检查程序的时间，极大地提高了生产效率。CAXA线切割XP提供了四种传输方式：应答传输、同步传输、串口传输。

1. 应答传输

将线切割加工程序(3B、4B或ISO代码)以模拟电报头的方式传输给线切割机床控制系统，由机床侧输出的脉冲信号控制计算机发送数据的速度。应答传输接线图如图4-17所示，其中DO、Dl、D2、D3、D4对应线切割控制器接口的五根接收数据线il、i2、i3、i4、i5(详见机床控制系统说明书)。

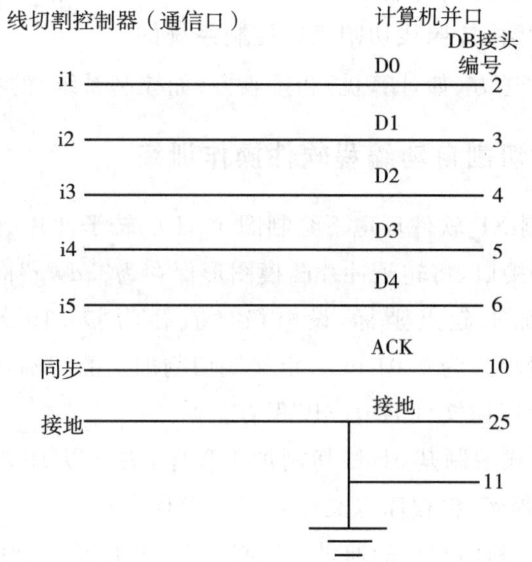

图4-17　应答传输接线图

操作过程：在“线切割”主菜单下点击下拉子菜单“代码传输”——“应答传输”选项，弹出一个传输文件对话框(或默认当前代码)，选择要传输的文件并打开，在保证机床正确接收的情况下，回车或点鼠标键，开始传输。传输过程中按ESC键可退出传输。传输中系统提示“正在检测机床信号状态”，此时系统正在确定机床侧发出信号的波形，并发送测试码。这时，操作线切割机床让其进入读入纸带状态，如果机床侧发出的信号状态正常，系统的测试码被正确发送，即正式开始传输文件代码，并提示“正在传输”；如果机床的接受信号(读纸带)已经发出，而系统总处于检测机床信号的状态，不进行传输，则说明计算机无法识别机床侧信号，此时可按ESC键退出。系统传输的过程中可随时按ESC键终止。如果传输过程中出错，系统将停止传输，提示“传输失败”，并给出失败时正在传输代码的行号和传输的字符。出现错误一般是由电缆上或电源的干扰造成的。

停止传输后,点击鼠标键或ESC键,可结束命令。

2. 同步传输

使用模拟光电头将生成的程序代码快速、同步传输给线切割机床控制系统。由计算机发出同步信号驱动机床接收数据,在向机床发送数据之前一定要先将机床置于收信状态。

传输完毕,系统在状态栏显示“传输结束”,表示代码传输已成功。停止传输后,点鼠标键或“ESC”键,可结束命令。

3. 串口传输

将加工程序代码以计算机串口通信的形式传输到线切割控制系统。这种方式适用于有标准通信接口的控制系统。

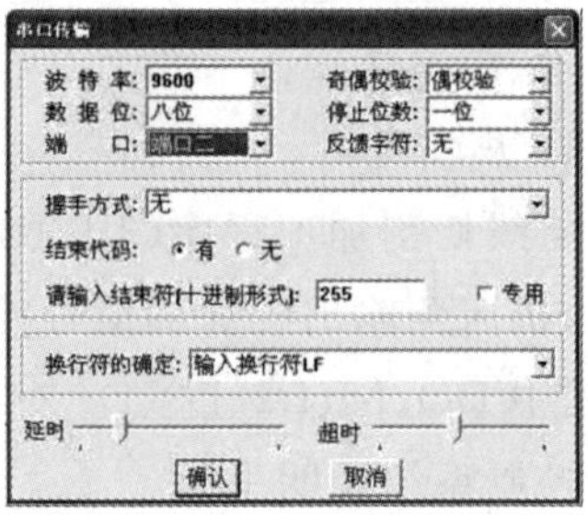

图 4-18 串口传输参数设置

传输前,要设置好串口通信传输参数,如图4-18所示。设置通信参数必须严格按照线切割机床控制系统的串口参数来设置,确保发送方(如计算机)和接收方(如控制系统)的参数设置一致。

4.1.4 CAXA线切割自动编程软件操作训练

① 在CAXA线切割XP软件环境下绘制图4-1的转子冲片凸模图形,保存图形文件;

② 利用软件的数据接口,将转子冲片凸模图形保存为“.dwg”格式文件;

③ 设置凸模切割加工起点坐标,设电极丝直径为Φ0.16 mm,单边放电间隙$\delta=$0.01 mm,留钳工修光量单边为0.01 mm,定义线切割加工的切割轨迹,并处理产生3B格式的线切割加工程序,将程序以文件名“1.3B”保存;

④ 以机床刀补的方式编制其3B线切割加工程序,尖点以R0.2 mm过渡圆弧处理,并后处理产生线切割加工程序,将程序以文件名“2.3B”保存;

⑤ 联接线切割机床,利用软件的通讯功能将1.3B程序传输到线切割击穿控制系统;

⑥ 在线切割机床数控系统调试程序,并进行凸模试件的实际切割加工;加工完成后,检测加工试件的尺寸,判断编程、加工质量。

4.2 AutoCut线切割编程控制系统

4.2.1 AutoCut CAD/CAM界面的操作

AutoCut线切割编程控制一体化系统是基于Microsoft Windows XP平台的线切割机床加工控制系统。它运用CAD软件根据零件图样绘制加工图形,进行线切割工艺处理,生成线切割加工的二维或三维数据,并进行零件加工的过程控制。在加工过程中,系统可以智能控制加工速度和加工参数，完成对不同加工要求的加工控制。这种以图形方式进行加工编程、控制的方式，是线切割领域内 CAD、CAM 和机床数控系统的有机结合。

AutoCut CAD/CAM 软件工作界面如图 4－19 所示，包括菜单栏、工具栏、绘图窗口、捕捉栏等。单击菜单栏可打开下拉菜单，单击工具条上的按钮可以启动相应的功能。这些按钮对应的功能在菜单中都能找到，但更为方便、快捷。当鼠标指向工具条上的按钮时，描述性文字出现在按钮附近，状态栏中有更加详细的描述。

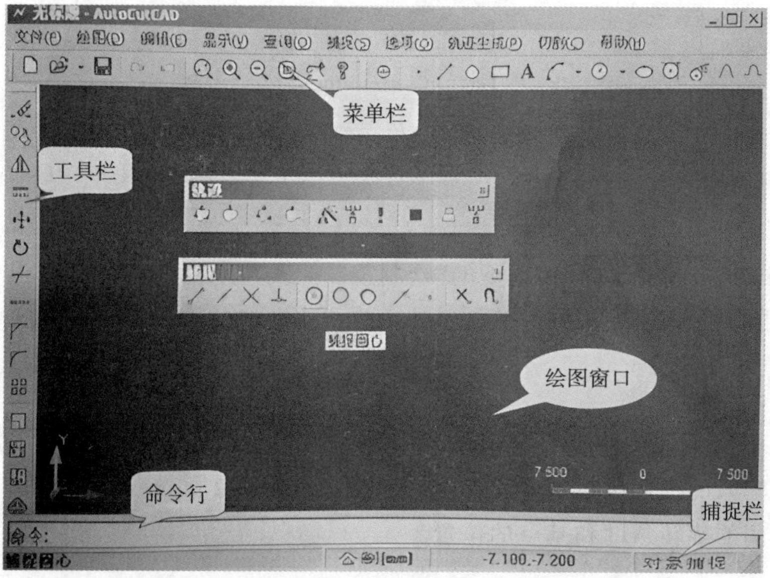

图 4－19　AutoCut CAD/CAM 软件工作界面

1. 辅助绘图

AutoCut CAD 的辅助绘图功能除可绘制直线、圆弧线段外，还能绘制包括阿基米德螺旋线、摆线、双曲线及抛物线、齿轮等线段。其使用方法如下。

(1)阿基米德螺旋线

执行 AutoCut CAD“绘图”菜单下“绘制特殊曲线”“阿基米德螺旋线”命令，弹出绘制阿基米德螺旋线参数对话框；输入阿基米德螺旋线的参数后，点击“确定”按钮即可完成该线的绘制。阿基米德螺旋线的参数方程：

$$\begin{cases} x = rt\cos t \\ y = rt\sin t \end{cases}$$

在对话框输入的参数包括参数 t 的范围和系数 r 的值，以及阿基米德螺旋线在图纸空间的旋转角度和基点坐标。

(2)抛物线

执行 AutoCut CAD“绘图”菜单下的“绘制特殊曲线”“抛物线”命令，弹出抛物线参数对话框，输入抛物线的参数，点击“确定”按钮即可完成抛物线的绘制。抛物线的参数方程：

$$y=kx^2$$

在对话框输入的参数包括抛物线 x 坐标的范围及系数 k 的值。此外，还可以设置抛物线在图纸空间的旋转和平移。

(3)渐开线

执行 AutoCut CAD“绘图”菜单下的“绘制特殊曲线”“渐开线”命令，弹出画渐开线对话框，输入渐开线的参数后，点击“确定”按钮即可完成渐开线的绘制。渐开线的绘制方程：

$$\begin{cases}x=r(\cos t+t\sin t)\\y=r(\sin t-t\cos t)\end{cases}$$

在对话框输入的参数包括基圆的半径、渐开线的展角及渐开线在图纸空间的旋转角度和基圆圆心的位置。

(4)双曲线

执行 AutoCut CAD“绘图”菜单下的“绘制特殊曲线”“双曲线”命令，弹出双曲线参数对话框，输入双曲线的参数，点击“确定”按钮即可完成双曲线的绘制。双曲线的参数方程：

$$\begin{cases}x=a/\cos t\\y=b\tan t\end{cases}$$

在对话框输入的参数包括 a、b 及参数 t 的范围 t_1 和 t_2($t_1<t<t_2$)。此外，还可以设置抛物线在图纸空间的旋转角度和基点的位置。

(5)摆线

执行 AutoCut CAD“绘图”菜单下的“绘制特殊曲线”“摆线”命令，弹出摆线参数对话框，输入摆线的参数后，点击“确定”按钮即可完成摆线的绘制。摆线的参数方程为：

$$\begin{cases}x=r(t-\sin t)\\y=r(1-\cos t)\end{cases}$$

在对话框输入的参数包括系数 r、摆角 t 及摆线在图纸空间的旋转角度和基点的坐标值。

(6)齿轮

执行 AutoCut CAD“绘图”菜单下的“绘制特殊曲线”“齿轮”命令，弹出绘制“齿轮”对话框，如图 4-20 所示；输入齿轮的基本参数并预览后，即可将生成的齿轮轮廓线插入图纸空间。

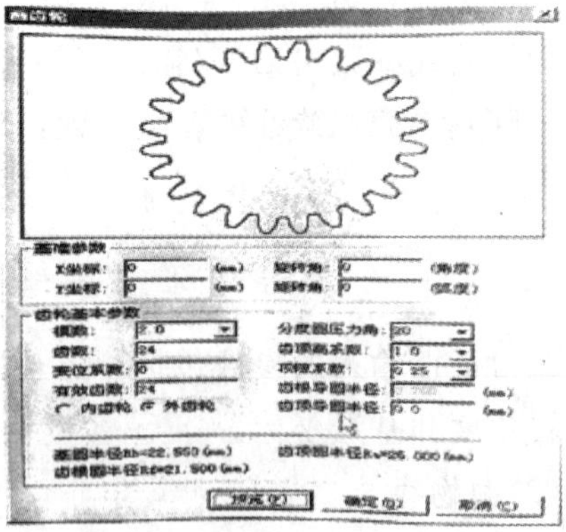

图 4-20　绘制“齿轮”对话框

(7)矢量文字

执行 AutoCut CAD“绘图”菜单下的“绘制特殊曲线”“矢量文字”命令，弹出“插入矢量字符”对话框，如图 4-21 所示；在字符框中写入需要插入的字符，单击“预览”按钮，该对话框的黑色窗口上会显示相应的轮廓，单击“插入”按钮，即可将预览生成的矢量文字轮廓插入到图纸空间。

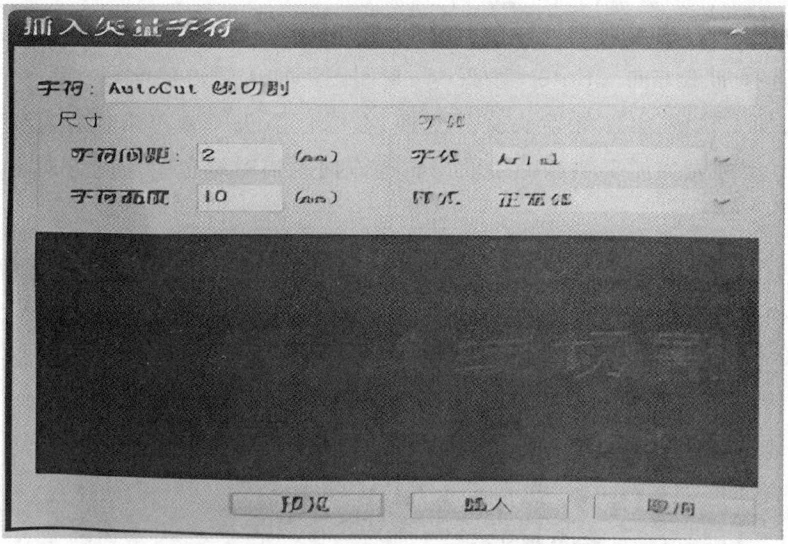

图 4－21　“插入矢量字符”对话框

2. 轨迹设计

AutoCut CAD 线切割模块中有三种设计轨迹的方法：生成加工轨迹、生成多次加工轨迹和生成锥度加工轨迹。

(1)生成加工轨迹

单击 AutoCut CAD“轨迹生成”下拉菜单，选择“生成加工轨迹”菜单项，或者单击工具条上的按钮，弹出“快走丝加工轨迹”对话框，如图 4－22 所示。这是快走丝线切割机床生成加工轨迹时需要设置的参数。

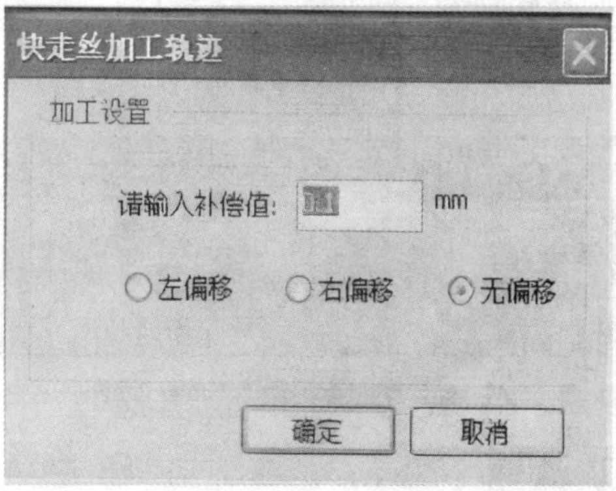

图 4－22　“快走丝加工轨迹”对话框

设置好补偿值和偏移方向后，单击“确定”按钮。命令提示栏提示“请输入穿丝点坐标”，可以手动在命令行中用相对坐标或者绝对坐标的形式输入穿丝点的坐标值，也可以在屏幕上单击鼠标左键选择一点作为穿丝点坐标。穿丝点确定后，命令行提示“请输入切入点坐标”。这里要注意，切入点一定要选在所绘制的图形上，否则是无效的。切入点的坐标可以手动在命令行中输入，也可以用鼠标在图形上选取任意一点作为切入点。切入点选中后，命令行提示“请选择加工方向＜Enter 完成＞”，封闭图形加工轨迹的生成如图 4 - 23 所示。晃动鼠标可看出加工轨迹上红、绿箭头交替变换，在绿色箭头一方单击鼠标左键，确定加工方向，或者按 Enter 键完成加工轨迹的拾取。轨迹方向为当时绿色箭头的方向。

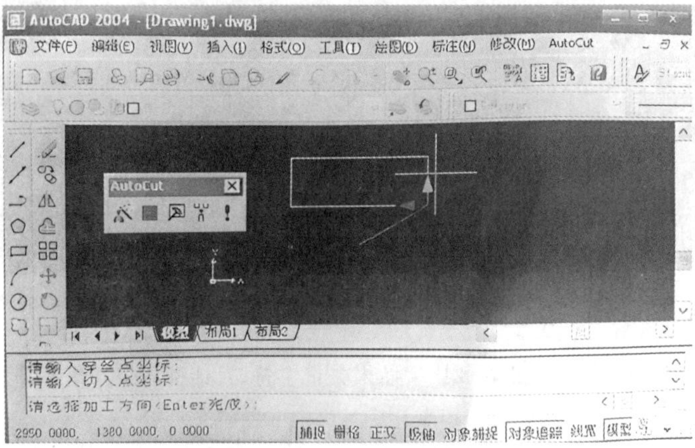

图 4 - 23　封闭图形加工轨迹的生成

对于封闭图形，通过上面的操作即可完成轨迹的生成，而对于非封闭图形会稍有不同。在完成加工轨迹的拾取之后，命令行提示“请输入退出坐标＜Enter 同穿丝点＞”。非封闭图形加工轨迹的生成如图 4 - 24 所示。手工输入或用鼠标在屏幕上拾取一点作为退出点的坐标，或者按 Enter 键完成默认退出点和穿丝点的重合，即完成非封闭图形加工轨迹的生成。

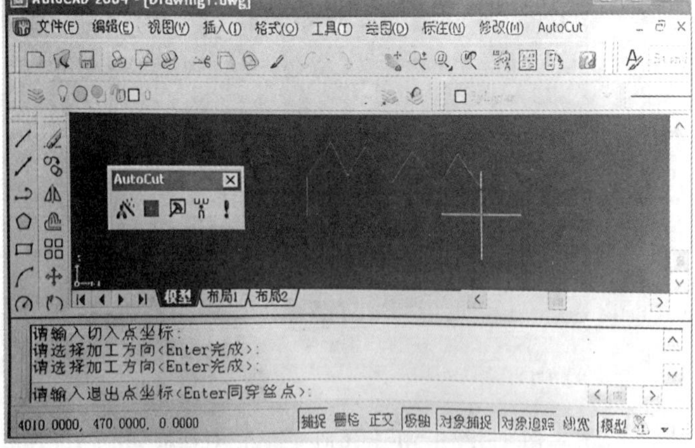

图 4 - 24　非封闭图形加工轨迹的生成

(2)生成多次加工轨迹

单击 AutoCut CAD 下拉菜单，选择“生成加工轨迹”菜单项，或者单击工具条上的 按钮，弹出“编辑加工路径”对话框，如图 4－25 所示。

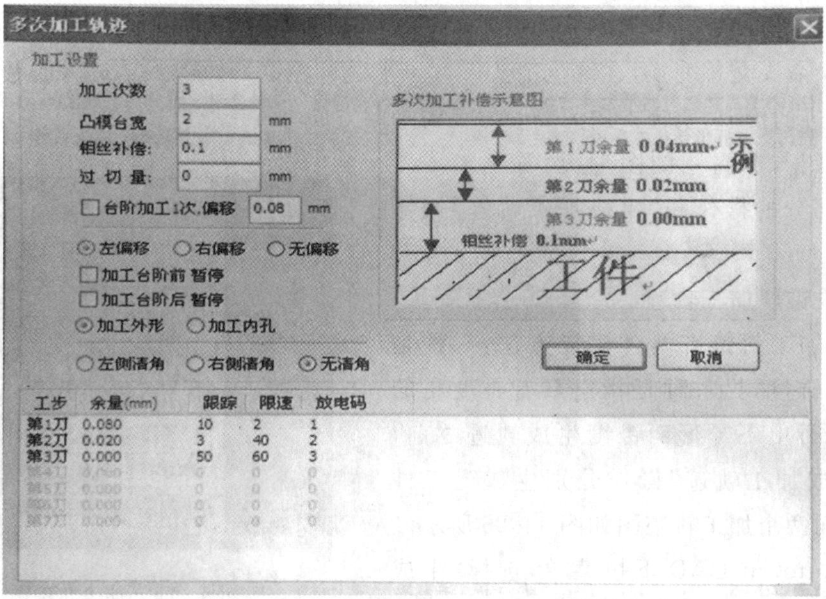

图 4－25　“编辑加工路径”对话框

加工次数：多次切割的次数。

凸模台宽：凸台的宽度，默认 2 mm。

钼丝补偿：对钼丝的补偿。补偿值默认 0.1 mm。

过切量：加工结束后，工件有时不能完全脱离，可以在生成轨迹时设置过切量，使得加工后工件能够完全脱离。

左偏移：以钼丝沿着工件轮廓的前进方向为基准，钼丝位置位于工件轮廓左侧。

右偏移：以钼丝沿着工件轮廓的前进方向为基准，钼丝位置位于工作轮廓右侧。

无偏移：以钼丝沿着工件轮廓的前进方向为基准，钼丝位置和工件轮廓重合。

加工台阶前是否暂停：如选中该项，会在加工台阶之前暂停，等待人工干预后继续加工；否则不用。

加工台阶后是否暂停：如选中该项，会在加工完台阶后暂停，等待人工干预后继续加工；否则不用。

加工外形：加工的是外部图形。

加工内孔：加工的是内部图形。

在“编辑加工路径”界面中，点击“确定”按钮后，多次加工的设置完成。

多次加工参数设置完成后，AutoCut CAD 软件的命令行提示栏会提示“请输入穿丝点坐标”,可以手动在命令行中用相对坐标或者绝对坐标的形式输入穿丝点坐标,也可以在屏幕上单击鼠标左键选择一点作为穿丝点坐标。穿丝点确定后,命令行提示“请输入切入点坐标”。这里要注意,切入点一定要选在所绘制的图形上,否则是无效的。切入点的坐标可以手动在命令行中输入,也可以用鼠标在图形上选取任意一点作为切入点。切入点选中后,命令行提示“请选择加工方向＜Enter 完成＞”(同生成加工轨迹)。晃动鼠标可以看出加工轨迹上的红、绿箭头交替变换,在绿色箭头一方单击鼠标左键,确定加工方向,或者按 Enter 键完成加工轨迹的拾取,轨迹方向为当时绿色箭头的方向。

对于封闭与非封闭的图形,设置完加工参数后,其他部分的操作和“生成加工轨迹”操作类似。

图 4-26 加工轨迹图

(3)生成锥度加工轨迹

锥度的加工轨迹有两种生成方法:一种是上下异形面锥度,另一种是指定具有锥度角的锥度。在进行上下异形面锥度生成轨迹之前,先使用“生成加工轨迹”操作分别生成上工件面、下工件面两个加工轨迹图如图 4-26 所示。

单击 AutoCut CAD 下拉菜单,选择“生成锥度加工轨迹”菜单项,弹出“锥度加工参数设置”对话框,如图 4-27 所示。

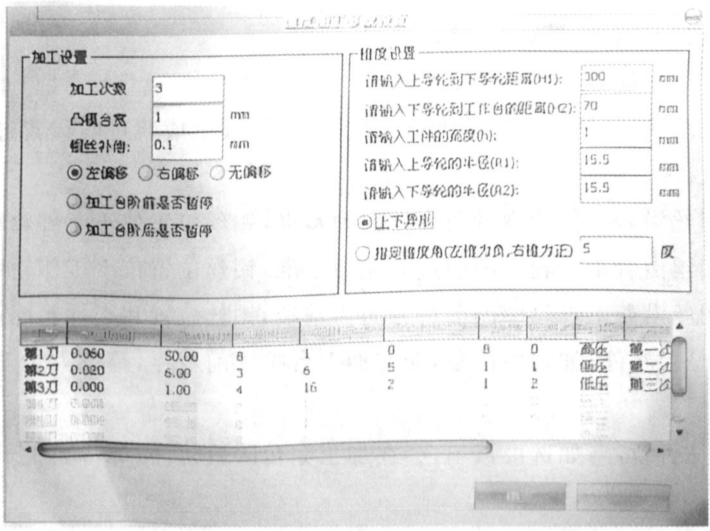

图 4-27 “锥度加工参数设置”对话框

① 加工设置

加工次数:多次切割的次数;

凸模台宽：凸台的宽度，默认 1 mm；

左偏移：以钼丝沿着工件轮廓的前进方向为基准，钼丝位置位于工件轮廓左侧；

右偏移：以钼丝沿着工件轮廓的前进方向为基准，钼丝位置位于工作轮廓右侧；

无偏移：以钼丝沿着工件轮廓的前进方向为基准，钼丝位置和工件轮廓重合；

加工台阶前是否暂停：如选中该项，会在加工台阶之前暂停，等待人工干预后继续加工，否则不用；

加工台阶后是否暂停：如选中该项，会在加工完台阶后暂停，等待人工干预后继续加工，否则不用。

②锥度设置

请输入上导轮到下导轮距离：输入上导轮圆心到下导轮圆心的距离，单位为 mm；

请输入下导轮到工作台的距离：输入下导轮圆心到工作台（工件下表面）的距离，单位为 mm；

请输入工件的高度：输入工件上表面到工件下表面的距离，即上、下工件面之间的距离，单位为 mm；

请输入上导轮半径：输入机床上导轮半径，单位为 mm；

请输入下导轮半径：输入机床下导轮半径，单位为 mm；

上下异形：需要选择上、下两个工件面的轨迹，此时锥度角无效；

指定锥度角：若指定锥度角时，只能选择 1 个加工轨迹面，系统即可自动生成相应的锥度图形。

注意：多次切割加工参数的设置同“生成多次加工轨迹”。

对上下异形面，设置完成后，单击“确定”，AutoCut CAD 软件的命令行提示栏提示“请选择上表面”，选择一个已经生成的加工轨迹；命令行提示“请选择下表面”时，再选择一个已经生成的加工轨迹，提示“请输入新的穿丝点”。可以手动在命令行中用相对坐标或者绝对坐标的形式输入新的穿丝点坐标，也可以在屏幕上单击鼠标左键选择一点作为新的穿丝点坐标。上下异形面加工轨迹生成如图 4 - 28 所示图形。

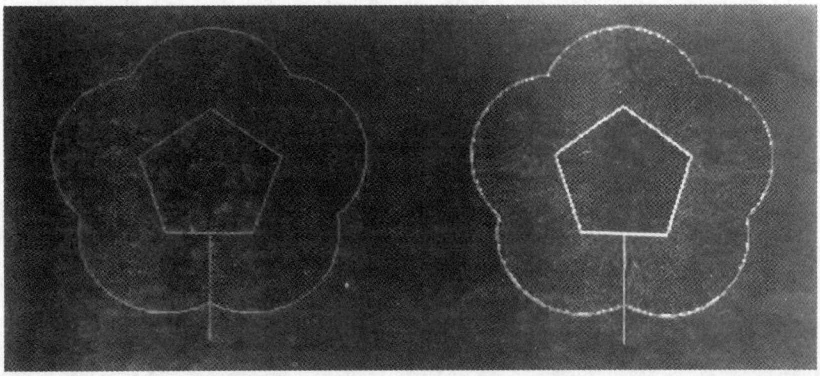

图 4 - 28　上下异形面加工轨迹生成

使用“视图”下拉菜单下的“三维动态观察器”，可以看到上下异形面锥度轨迹的三维效果，如图 4 - 29 所示。

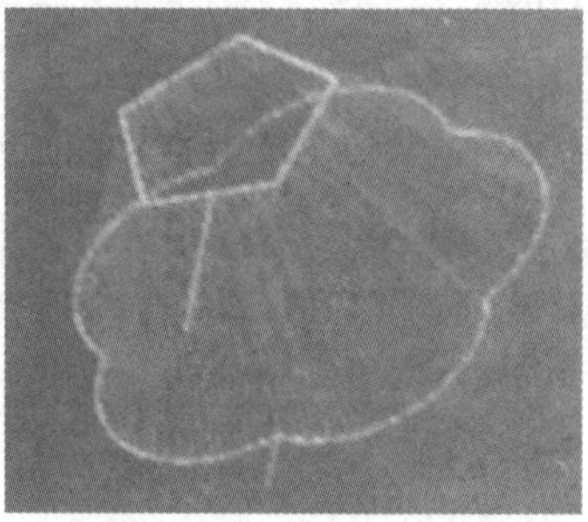

图 4 - 29　上下异形面锥度效果

对定锥度切割，设置完成后，单击“确定”按钮，AutoCut CAD 软件的命令行提示栏提示“请选择下表面”，选择一个已经生成的加工轨迹，提示“请输入新的穿丝点”，可以手动在命令行中用相对坐标或者绝对坐标的形式输入新的穿丝点坐标，也可以在屏幕上单击鼠标左键选择一点作为新的穿丝点坐标。定锥度切割生成锥度加工轨迹生成如图 4 - 30 所示。

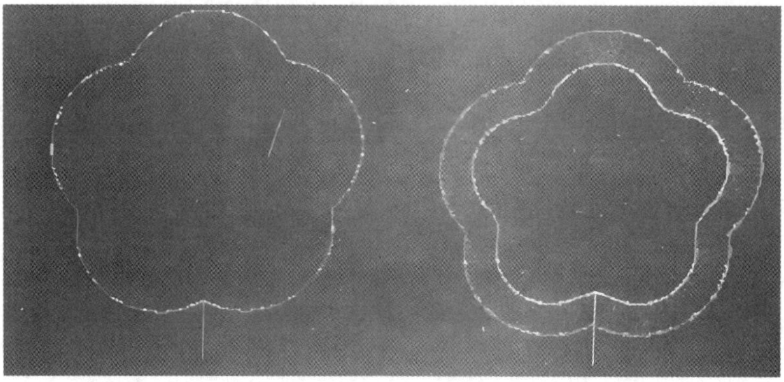

图 4 - 30　定锥度切割生成锥度加工轨迹

使用“视图”下拉菜单下的“三维动态观察器”，可以看到锥度轨迹三维效果图，如图 4 - 31 所示。

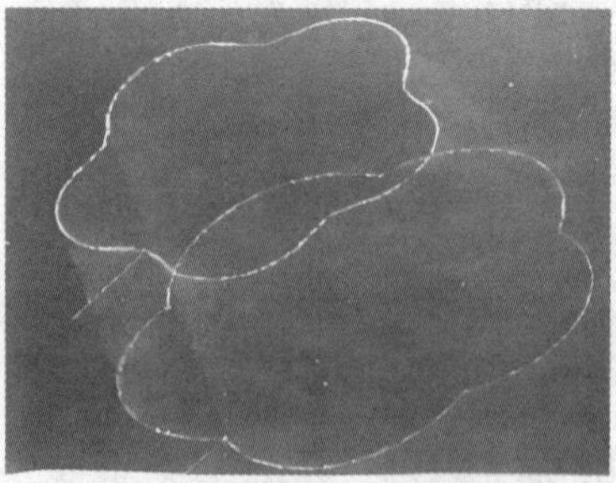

图 4 - 31　锥度轨迹三维效果图

3. 轨迹加工

AutoCut CAD 线切割模块中有三种轨迹加工方式：第一种是直接通过 AutoCAD 发送加工任务给 AutoCut 控制软件，第二种是发送锥度加工任务给 AutoCut 控制软件，第三种是直接运行 AutoCut 控制软件，并在控制软件中以载入文件的形式完成对工件的加工控制。

(1)发送加工任务

单击 AutoCut CAD“切割”下拉菜单，选择“发送加工任务”菜单项，或者单击 快捷按钮，弹出如图 4－32 所示的“选卡”对话框。

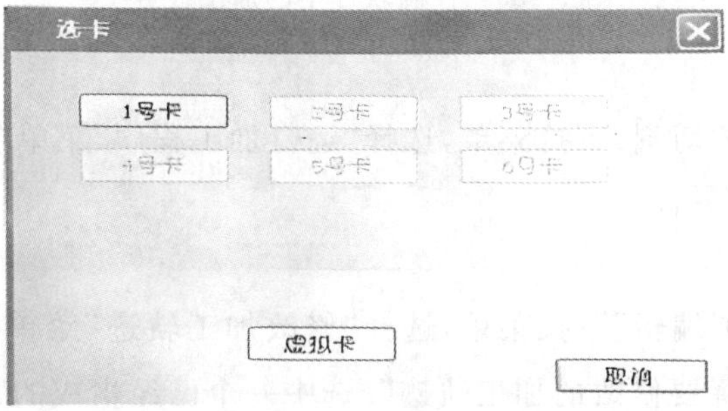

图 4－32　选卡对话框

单击“1 号卡”按钮(在没有控制卡的时候可以点选“虚拟卡”看演示效果)，命令行提示“请选择对象”，用鼠标左键选择加工对象，如图 4－33 所示；单击鼠标右键，进入 1 号卡控制界面，如图 4－34 所示。

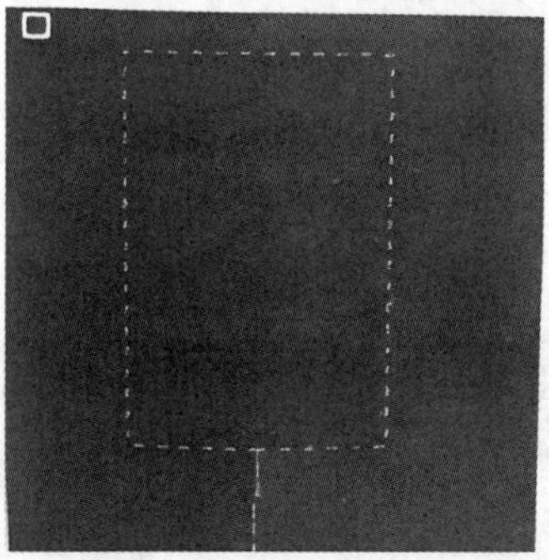

图 4－33　选择加工对象

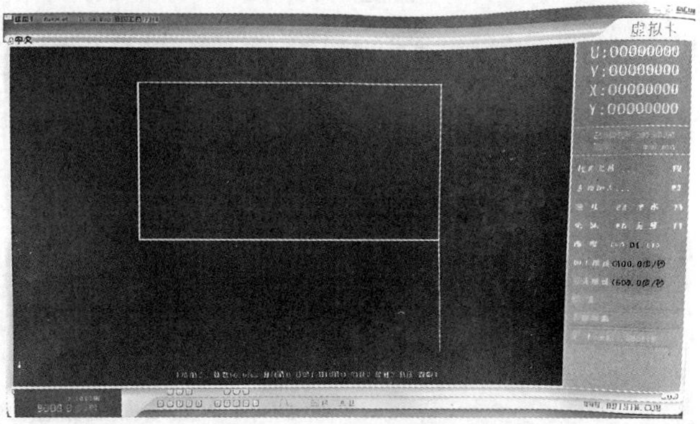

图 4－34　1 号卡控制界面

(2)发送锥度加工任务

单击 AutoCut CAD“切割”下拉菜单，选择“发送锥度加工任务”菜单项，弹出“选卡”对话框。先选中 1 号卡后，再到图形界面中选中上面生成的锥度加工轨迹，单击鼠标右键，即可将锥度加工任务发送到控制软件中。控制软件中的加工任务如图 4－35 所示。

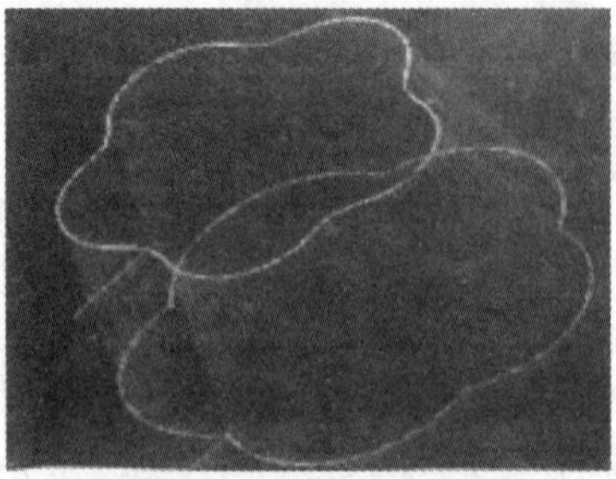

图 4-35　控制软件中的加工任务

(3)运行加工程序

单击 AutoCut CAD“切割”下拉菜单，选择“运行加工程序”菜单项，或者单击“1 号卡”按钮，进入线切割加工控制界面。

4. 修改加工轨迹

单击 AutoCut CAD“编辑”下拉菜单，选择“修改加工轨迹”菜单项，或者单击图形按钮，命令行提示“请选择要修改的加工轨迹”，选中一个已经生成的加工轨迹后，弹出“编辑加工路径”对话框，如图 4-36 所示。

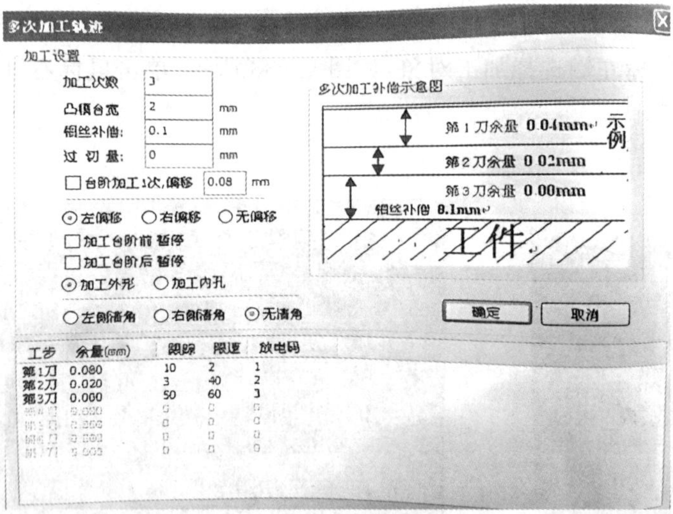

图 4-36　“编辑加工路径”对话框

图 4-36 中显示的参数是所选加工轨迹带有的加工参数，通过此对话框可以对其中的参数进行修改。修改方法同“生成多次加工轨迹”时的设置过程相同。修改后单击“确定”按钮，完成对已生成加工轨迹参数的重新设置。

4.2.2　AutoCut 线切割加工控制软件

AutoCut 线切割加工控制软件，使用较为简单。使用者不需要接触复杂的加工代码，只需在 CAD/CAM 软件中完成绘制加工图形，生成相应的加工轨迹，就可以开始加工零件。AutoCut 线切割加工控制界面如图 4－37 所示。

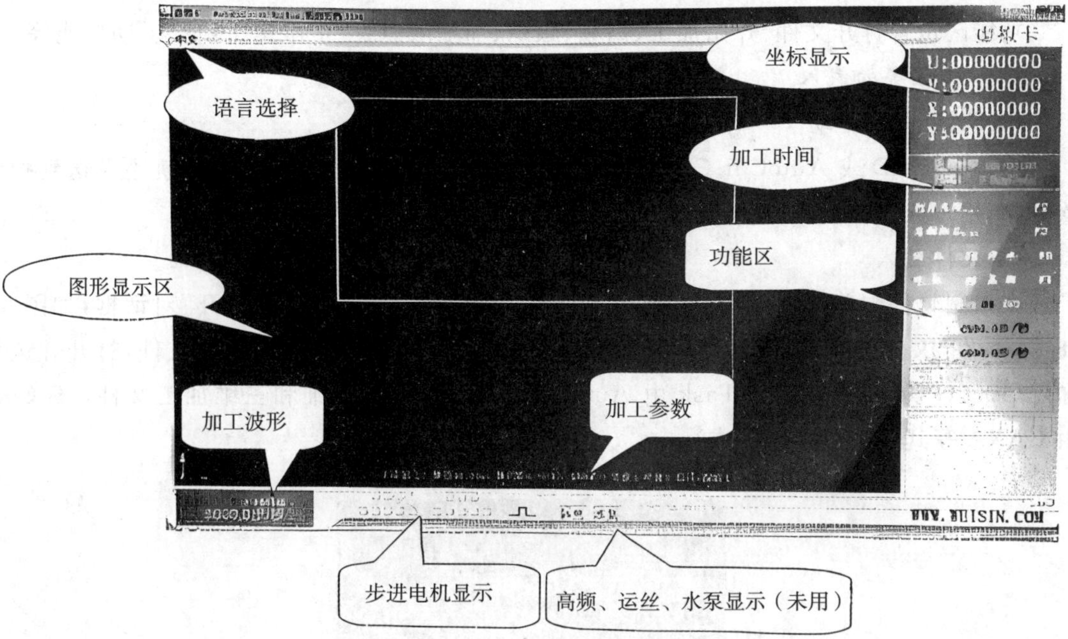

图 4－37　AutoCut 线切割加工控制界面

1. 加工控制软件界面

(1)语言选择区

在图 4－37 所示的语言选择区中，单击鼠标左键，出现提示中、英文可切换的界面，只要用鼠标左键进行选择就可  以完成语言切换。

(2)位置显示区

实际加工或者空走加工时，位置显示区会实时显示 X、Y、U、V 四轴实际加工的位置。

(3)时间显示区

加工时“已用时间”表示该工件的加工已经使用的时间，“剩余时间”表示该工件加工完毕还需要的时间。

(4)图形显示区

在实际加工、空走加工时，图形显示区会实时显示当前加工的位置。

(5)加工波形区

实时显示加工的快慢及稳定性。

(6)加工参数区

实时显示当前加工参数：脉宽、脉间距、分组、组间距、丝速等。

(7)步进电动机显示区

实时显示步进电动机的锁定情况。

(8)高频、运丝、水泵显示区

实时显示高频、运丝、水泵的开关状态。

(9)功能区

功能区包含打开文件、开始加工、高频、跟踪、加工限速、空走限速、设置、手动功能等。

2. 加工任务的载入

(1)CAD 图形驱动

在 AutoCAD 或 AutoCut CAD 中,用“发送加工任务”的命令,将图形轨迹发送到控制软件中,用户无需接触代码便可进行加工。

(2)文件载入

在控制软件中单击“打开文件”按钮或者使用快捷键“F2”,弹出“打开”对话框,如图 4-38 所示,在“文件类型”可以先选择任意一种文件类型,然后选择欲加工的文件,打开并进行加工(ISO G Code、AutoCut Task 由 AutoCut CAD 生成的二维和三维加工文件,3B Code 由 CAXA 等其他绘图软件生成)。

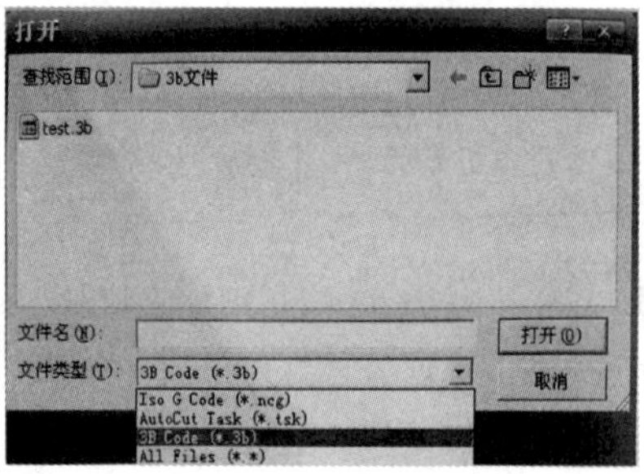

图 4-38 “打开”对话框

(3)模板载入

在控制软件中右键单击“打开文件”选项,弹出下拉菜单选择“打开模板”,弹出“模板”对话框,如图 4-39 所示。

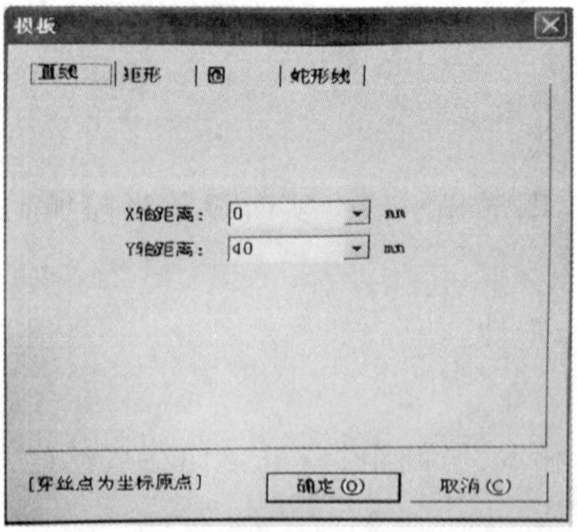

图 4-39 “模板”对话框

① 直线：

X 轴距离：需要加工的 X 轴距离，单位为 mm；

Y 轴距离：需要加工的 Y 轴距离，单位为 mm。

② “矩形”选项卡，如图 4－40 所示：

矩形宽：需要加工的矩形宽度（W），单位为 mm；

矩形高：需要加工的矩形高度（H），单位为 mm；

引入线长：需要加工的矩形引线长度（L），单位为 mm；

外轮廓：表明加工的是外轮廓，即引入线在所需加工的矩形外侧；

内孔：表明加工的是内孔，即引入线在所需加工的矩形内侧；

引入线方向：按引入线的方向角，有 8 种方式可供选择。

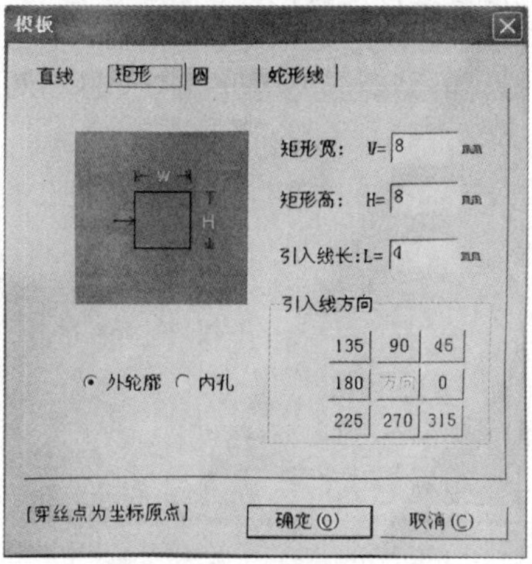

图 4－40　“矩形”选项卡

③ “圆”选项卡，如图 4－41 所示：

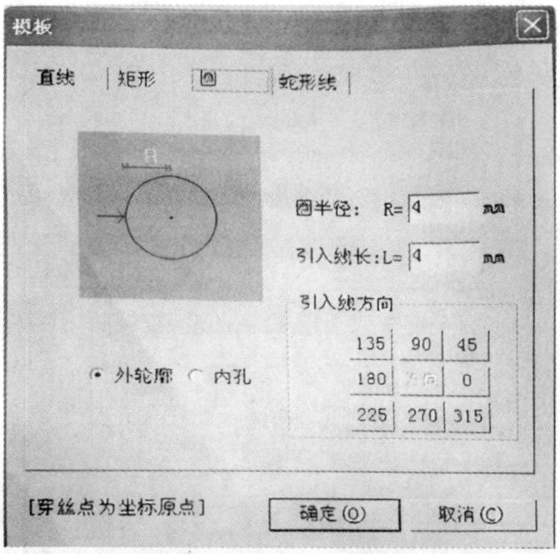

图 4－41　“圆”选项卡

圆半径：需要加工的圆弧的半径(R)，单位为 mm；

引入线长：需要加工的矩形引线长度(L)，单位为 mm；

外轮廓：表明加工的是外轮廓，即引入线在所需加工的圆形外侧；

内孔：表明加工的是内孔，即引入线在所需加工的圆形内侧；

引入线方向：同样有八种选择方式。

④ “蛇形线”选项卡，如图 4－42 所示：

走线方向：X 正向、X 负向、Y 正向、Y 负向四种方向；

a：蛇形线的高度，单位为 mm；

b：蛇形线走线的单个宽度，单位为 mm；

n：蛇形线的弯曲次数；

左右镜像：会对当前的蛇形线进行镜像。

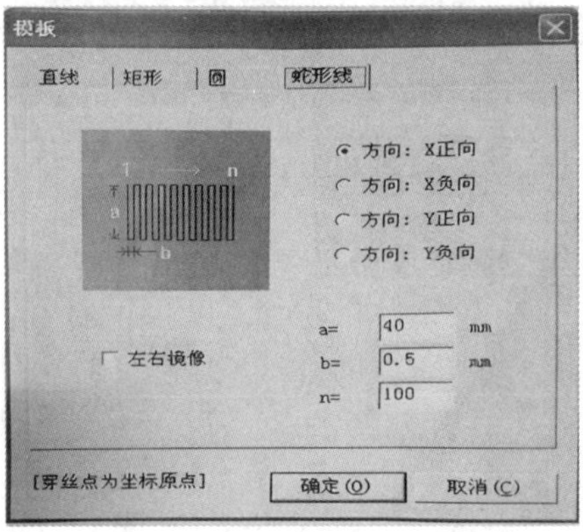

图 4－42 “蛇形线”选项卡

3. 开始加工

选择“开始加工——虚拟卡”对话框，如图 4－43 所示，有关含义如下。

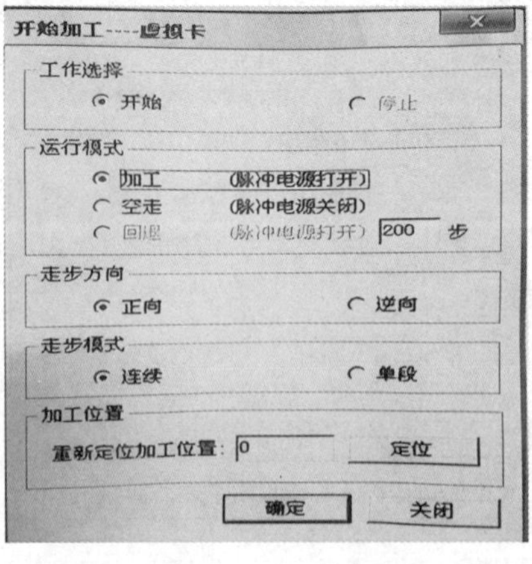

图 4－43 “开始加工——虚拟卡”对话框

(1)工作选择

开始:开始进行加工;

停止:停止当前的加工工件。

注意:正在进行加工时不能退出程序,必须先停止加工,然后才能退出。

(2)运行模式

加工:打开高频脉冲电源,实施加工。

空走:不开高频脉冲电源,机床按照加工文件空走。

回退:打开高频脉冲电源,回退指定步数(回退的指定步数可以在设置界面中进行设置,并会保存直到下一次设置被更改)。

(3)走步方向

正向:实际加工方向与轨迹方向相同。

逆向:实际加工方向与轨迹方向相反。

(4)走步模式

连续:加工时,只有全部加工轨迹加工完才停止。

单步:加工时,一条线段或圆弧加工完成时,会进入暂停状态,等待用户处理。

选择完上述选项,确定开始加工后,原来的"开始加工"按钮会变成"暂停加工"按钮,在需要选择暂停时可以单击该按钮,同样会弹出加工位置定位选择菜单,如图4-43所示,供操作人员根据实际情况进行相应处理。

(5) 加工位置

点击"定位"选择按钮,将弹出加工位置定位选择菜单,如图4-44所示。

开始为第一段起点:设置开始加工段号为第一点。

开始为第N段起点:设置开始为用户设定的起始点。

开始为最后一点:将设定加工起始点为最后一点。

开始为指定步数:系统将自动将加工的图形解析为步数,设定为指定步数将直接指定到某个位置。

当上面的选择做完后,确定开始加工后,原来的"开始加工"按钮会变成"暂停加工"按钮,在需要暂停的时候可以点击该按钮,同样会弹出加工位置定位选择菜单,供操作人员根据实际情况进行相应处理。

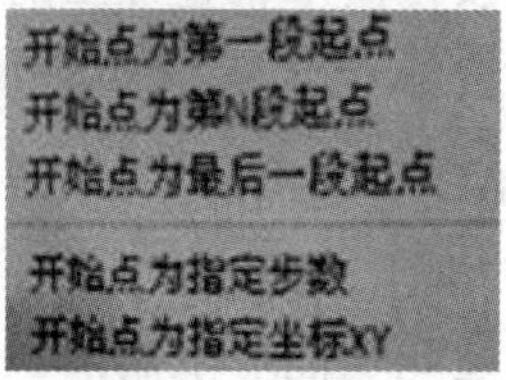

图4-44　加工位置定位选择菜单

4. 其他功能简介

(1)电机

此按钮用来完成驱动电机的锁定或者解锁。选中时,被锁定的驱动电机在界面中以绿灯显示(X、Y 轴5相,U、V 轴3相,驱动电机按钮如图4-45所示),否则变灰。进给时通过指示灯闪烁来指示驱动电机工作状态。

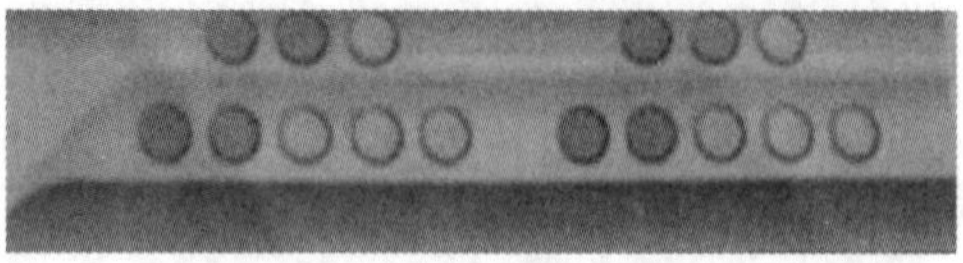

图 4-45　驱动电机按钮

(2)高频

此按钮用来开、关高频脉冲电源。当高频被打开时,会在主界面有所显示(高频脉冲电源按钮如图 4-46 所示),否则变灰。

(3)运丝

此按钮用来开、关运丝筒。当运丝被打开时,主界面上会有所显示(运丝电机按钮如图 4-47所示),否则变灰。

(4)工作液泵

此按钮用来开、关工作液泵。当工作液泵被打开时,主界面会有所显示(水泵界面如图 4-48所示),否则变灰。

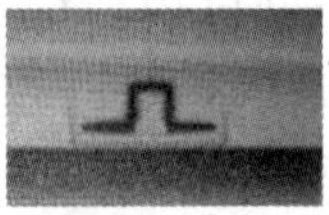

图 4-46
高频脉冲电源按钮

图 4-47
运丝电机按钮

图 4-48
水泵界面

(5)间隙

此按钮用来调整加工的稳定性。厚工件加工时不稳定,此时调大此值可以使加工变得稳定。鼠标右键单击按钮,弹出下拉菜单,由此可以对间隙值进行快速调节;鼠标左键单击"－"或"＋"处可以按 1 递增或递减变化。变化范围在 0～50。

(6)加工限速

通过此功能可限制加工的最大步进速度。加工限速对话框如图 4-49 所示,单位为 Hz(步/秒)。

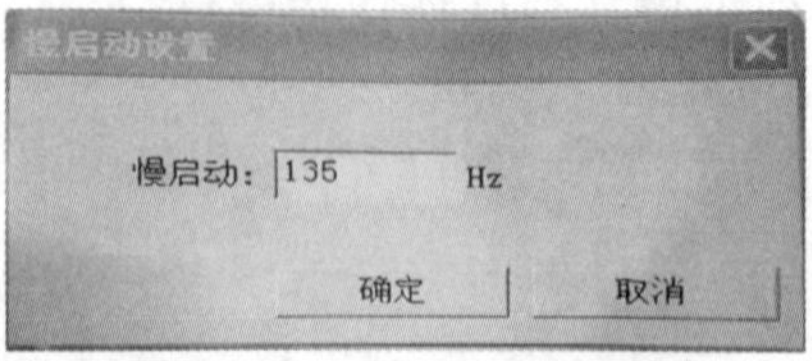

图 4-49　加工限速对话框

(7)空走限速

通过此功能可限制机床在空走时的最大步进速度。空走限速设定界面如图 4-50 所示,单位为 Hz(步/秒)。

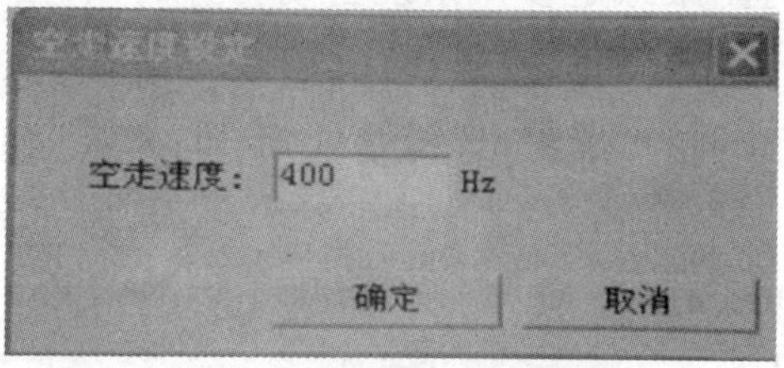

图 4-50　空走限速设定界面

(8)手动功能

① 移轴选项卡如图 4-51 所示。

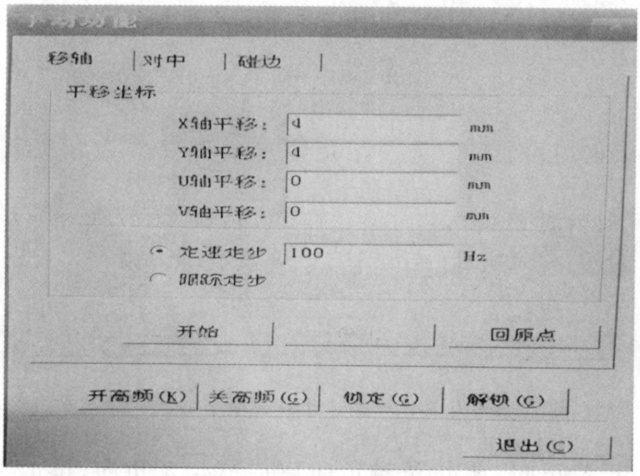

图 4-51　移轴选项卡

X 轴平移：在 X 方向移动的距离，单位为 mm。

Y 轴平移：在 Y 方向移动的距离，单位为 mm。

U 轴平移：在 U 方向移动的距离，单位为 mm。

V 轴平移：在 V 方向移动的距离，单位为 mm。

说明：输入正数，向正方向移动；输入负数，向负方向移动。

定速走步：以固定的速度移动各轴指定的步数，速度单位为 Hz(步/秒)。

跟踪走步：以实际加工的方式移动各轴指定的步数。

开始：设置好参数后，单击该按钮即可进行平移。

停止：在平移过程中，可以单击该按钮结束平移。

回原点：以最近的路径回到原点。

其使用方法如下。

空走平移：在相应的平移方向中输入需要平移的距离，并设置走步速度(默认为 100 Hz)，单击“开始”按钮，即可以按照指定的方向平移指定的距离。在平移的过程中可以单击“停止”按钮，结束平移。

边平移边进行加工：选择“跟踪走步”，系统自动打开高频，按照指定的方向加工到指定的距离，在加工过程中可以单击“停止”按钮，结束平移。

回原点：在任一机床停止时，可以单击“回原点”按钮，系统以最近的路径回到原点。

② 对中选项卡如图 4-52 所示。

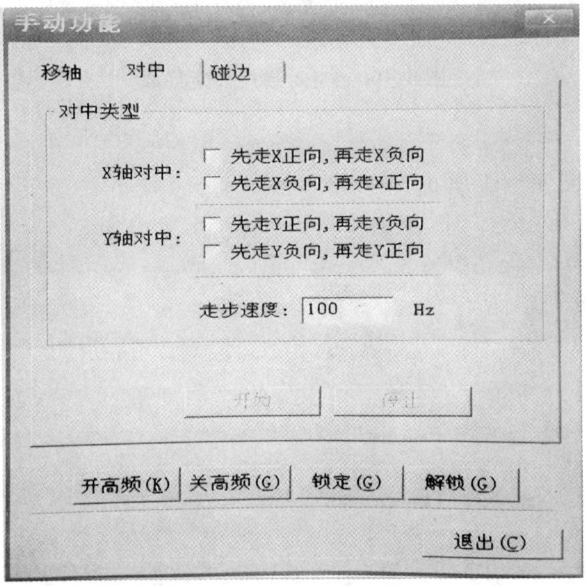

图 4-52　对中选项卡

X 轴对中：有“先走 X 正向，再走 X 轴负向”和“先走 X 负向，再走 X 正向”可以选择。

Y 轴对中：有“先走 Y 正向，再走 Y 轴负向”和“先走 Y 负向，再走 Y 正向”可以选择。

走步速度：以固定的速度移动，单位为 Hz(步/秒)。

开始：设置好参数后，单击该按钮即可进行平移。

停止：在平移过程中可以单击该按钮结束平移。

使用方法：在“X 轴对中”和“Y 轴对中”中选择走步顺序(也可以只对一个轴进行对中)，并设定走步速度(默认 100 Hz)，单击“开始”按钮即可以开始对中。在对中过程中，可以单击“停止”按钮结束对中，否则直到找到中心才会停止走步。

③ 碰边选项卡如图 4-53 所示。

方向 X：在 X 方向上碰边所走的最大距离，单位为 mm。

方向 Y：在 Y 方向上碰边所走的最大距离，单位为 mm。

走步速度：以固定的速度碰边，单位为 Hz(步/秒)。

碰边参数可以直接输入方向 X、方向 Y 和走步速度，也可以通过指定距离和常用方向自动计算。

开始：设置好参数后，单击该按钮即可进行平移。

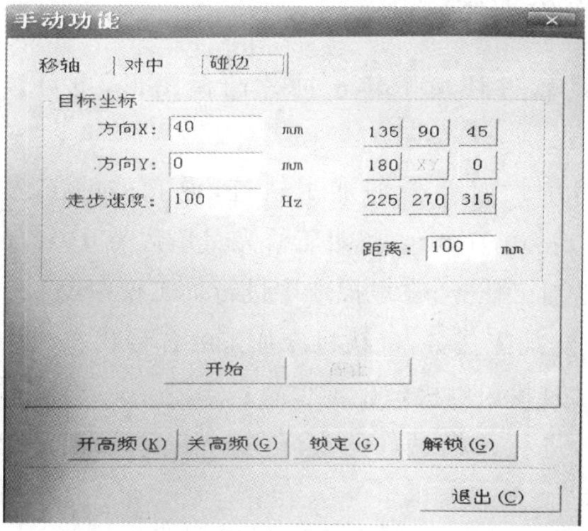

图 4-53　碰边选项卡

停止:在平移过程中可以单击该按钮结束平移。

使用方法:在指定方向输入需要碰边的最大距离(即如果运行了这段距离都不能碰到边,将自动停止碰边),设置走步速度,单击“开始”按钮开始碰边。在碰边的过程中可以单击“停止”按钮结束碰边,否则直到碰到边才会停止走步。

此外,可以在手动功能中,进行开高频、关高频、电动机锁定、电动机解锁等操作。

(9)高频设置

鼠标左键单击“加工参数显示”的位置,显示“高频参数设置”界面,单击“高频参数设置”选项,弹出高频参数对话框,如图 4-54 所示。在该对话框中,可以对高频脉冲电源的任意一条参数进行修改。

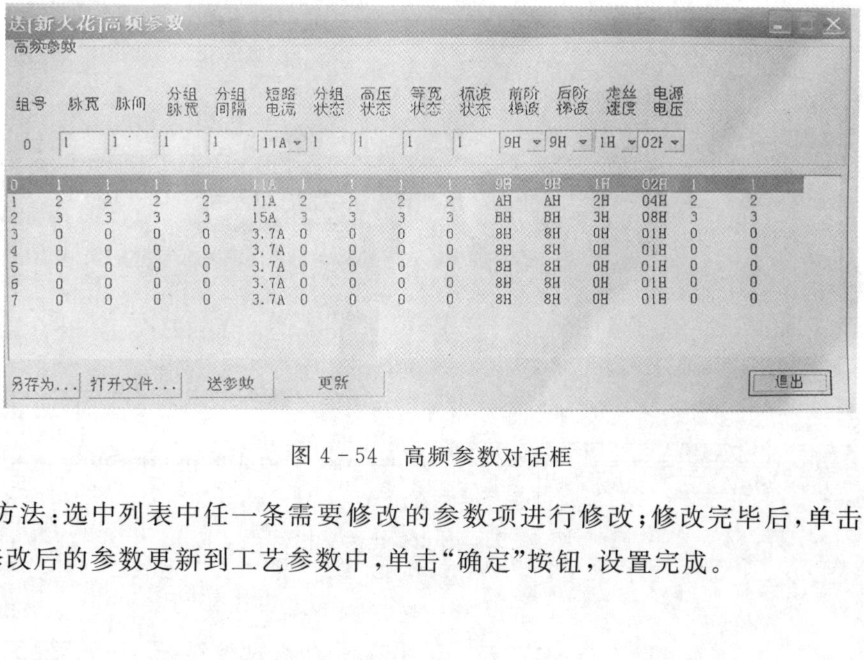

图 4-54　高频参数对话框

操作方法:选中列表中任一条需要修改的参数项进行修改;修改完毕后,单击“更新”按钮,即将修改后的参数更新到工艺参数中,单击“确定”按钮,设置完成。

4.2.3 AutoCut 操作训练

① 在 AutoCut CAD 软件环境下转子冲片凸模图形，也可读入在 CAXA 中导出的“dwg”文件；

② 在 AutoCut CAD 中设置凸模的加工轨迹，设有关的工艺条件：电极丝直径 $\Phi=0.16$ mm、单边放电间隙 $\delta=0.01$ mm、留钳工修光量单边为 0.01 mm，并确定；

③ 选择虚拟卡，发送加工任务；在虚拟卡中进行加工模拟，确认控制轨迹的正确性；

④ 选择“1 号卡”，发送加工任务，确认机床加工的各种状态和加工参数；

⑤ 安装试件毛坯，对刀找正电极丝坐标位置；

⑥ 启动线切割机床，进行凸模试件的实际切割加工；加工完成后，检测加工试件的尺寸，判断编程、加工质量。

具体的操作过程可参考下面的步骤。

开机：首先进入 AutoCut 软件系统的主菜单，进入其 CAD 绘图环境。

第一步：使用 Auto CAD 绘图软件绘制转子冲片凸模图形（也可以直接读入前面在 CAXA 软件环境中转换的“. dwg”格式图形文件）。由于前面已详细介绍了 AutoCut CAD 绘图的方法，在此不再赘述。要求绘制的图形尺寸必须精确，对有公差要求的尺寸应正确处理；同时，图形中不应有断点、重复线、交叉线等。

第二步：进入 AutoCut CAD“轨迹生成”菜单进行加工轨迹的设置。单击 AutoCut 菜单栏，如图 4 - 55 所示，在弹出的对话框中设置补偿值为 0.1 mm；加工参数如图 4 - 56 所示，并单击“确定”按钮。

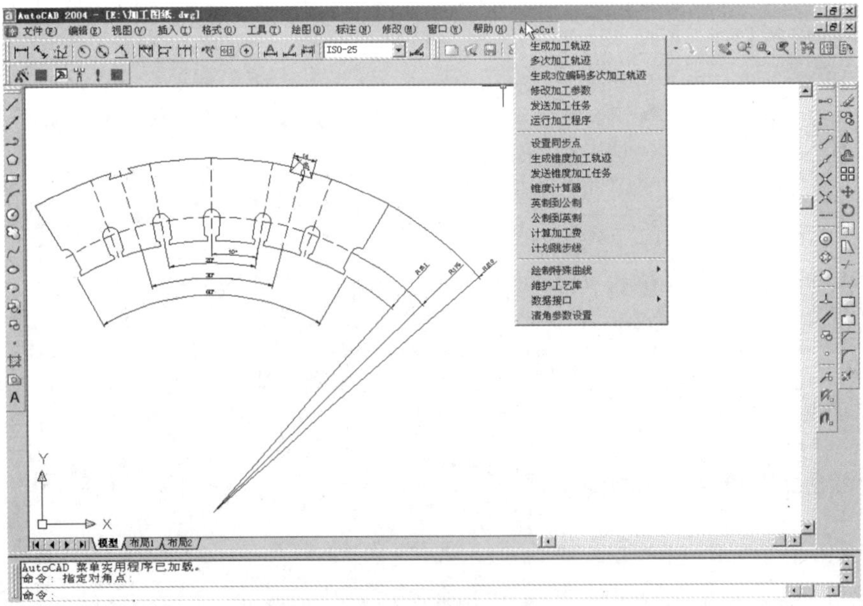

图 4 - 55　AutoCut 菜单栏

以上操作完成后在图形中显示红、绿箭头指向的加工方向，同时信息提示区会提示选择加工方向。

第三步：进入 AutoCut 菜单，在“AutoCut”菜单栏中单击“发送加工任务”选项，如图 4－57 所示，在弹出的“选卡”对话框中选择“虚拟卡”（为了防止轨迹异常和加工安全，初学者在正式加工前必须先进入虚拟卡进行模拟加工），“选卡”对话框如图 4－58 所示。

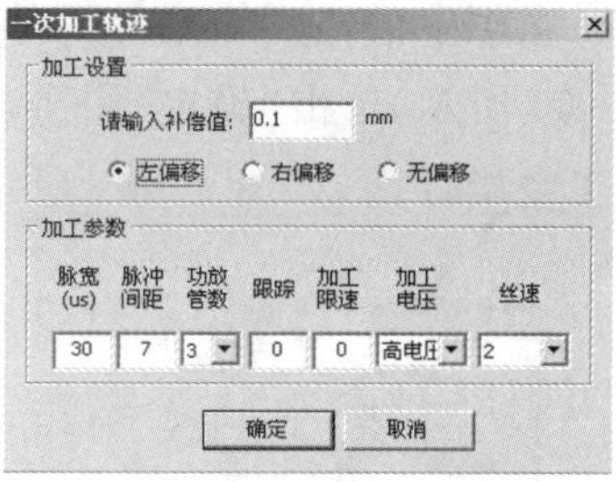

图 4－56　加工参数

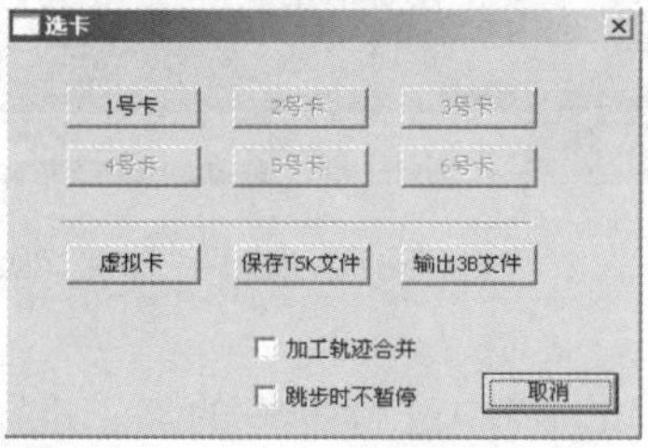

图 4－57　“发送加工任务”选项

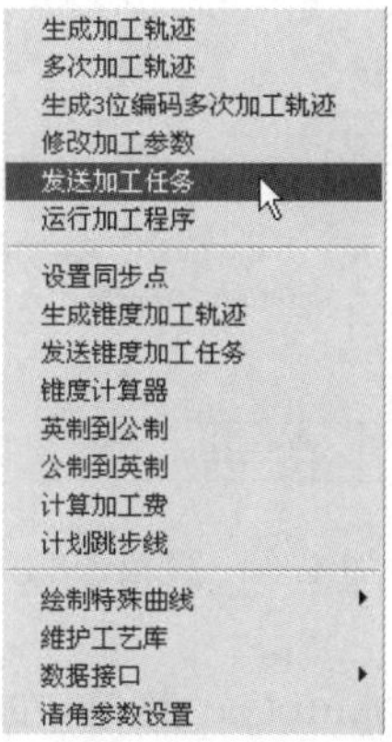

图 4－58　“选卡”对话框

依次选择第二步中生成的加工轨迹，单击鼠标右键完成跳步轨迹的设置，其在虚拟卡的显示轨迹如图 4－59 所示。

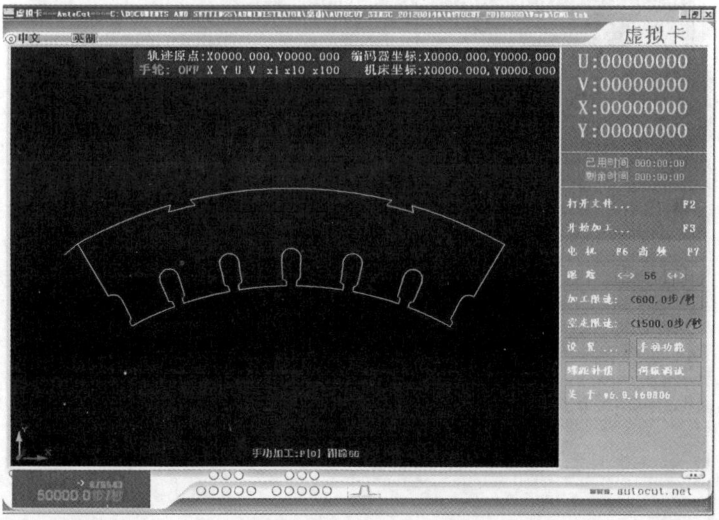

图 4－59　虚拟卡的显示轨迹

在虚拟卡的显示轨迹界面单击“开始加工”(或按 F3 键),“开始加工——虚拟卡”对话如图 4-60 所示,单击“确定”按钮,系统进行加工的仿真模拟。当程序模拟结束后会弹出虚拟卡加工完毕界面,如图 4-61 所示,单击“确定”按钮即可。

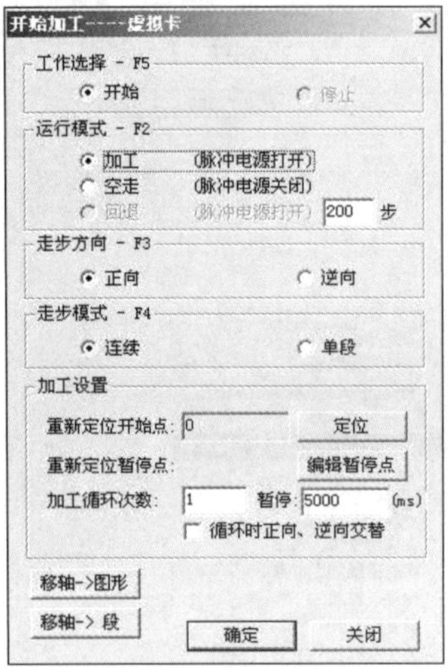

图 4-60 “开始加工——虚拟卡”对话框

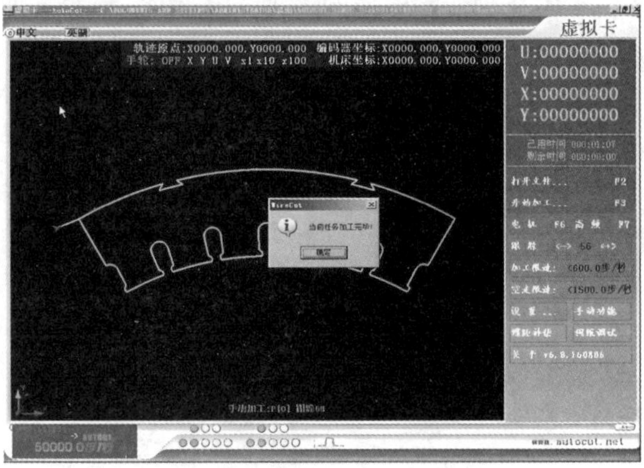

图 4-61 虚拟卡加工完毕界面

第四步:进入 AutoCut 菜单,在“1 号卡”(加工卡)中进行零件的加工准备。

进入 AutoCut 菜单栏,选择“发送加工任务”选项,在“选卡”对话框中选择“1 号卡”,零件加工(1 号卡)控制界面如图 4-62 所示。

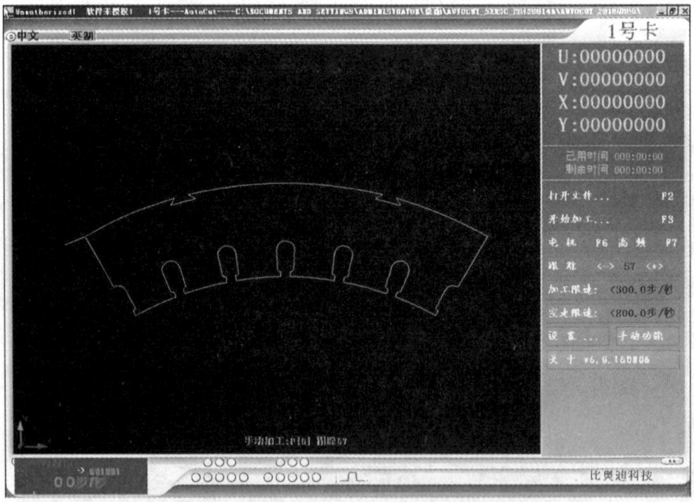

图 4-62 零件加工(1 号卡)控制界面

第五步:电极丝准备。

参考第三章的知识,先将预加工好的试件毛坯装夹、找正,然后进行线切割电极丝的上丝、穿丝、紧丝，并对电极丝垂直度进行找正。

操作流程：将控制盒上的运丝旋钮旋转到“加工”挡；按下运丝开关使电极丝运动；在图 4 - 62所示的加工界面中开启“高频”；摇动 X、Y 轴手柄使电极丝与毛坯定位部分接触放电；通过对边、对中等方法将电极丝定位到加工点。

第六步：加工。

以上工作完成后，在控制柜上开启“运丝”；在加工控制界面单击“开始加工”即可进行加工。

加工前、加工中均应注意安全。加工完毕后机床自动停机，取下工件，测量相关尺寸，并与图纸尺寸（检验样板）相比较。最后关闭电源，打扫现场卫生并对机床进行保养。

附　　录

附录A　数控电火花线切割理论知识测试

一、判断题(正确的填"√",错误的填"×")

1. 利用电火花线切割机床不仅可以加工导电材料,还可以加工不导电材料。　(　　)

2. 电火花线切割的工作液可以使用车床或是磨床用的浮化液。　(　　)

3. 目前,我国主要生产的电火花线切割机床是慢走丝电火花线切割机床。　(　　)

4. 在线切割加工中,当电压表、电流表的表针稳定不动,此时进给速度均匀、平稳,是线切割加工速度和表面粗糙度均好的最佳状态。　(　　)

5. 线切割机床通常分为两个大类,一类是快走丝机床,另一类是慢走丝机床。　(　　)

6. 在电火花线切割加工过程中,可以不使用工作液。　(　　)

7. 线切割加工中工件几乎不受力,所以加工中工件不需要夹紧。　(　　)

8. 线切割加工中应用较普遍的工作液是乳化液,其成分和磨床使用的乳化液成分相同。　(　　)

9. 脉冲宽度及脉冲能量越大,加工速度就越快,表面粗糙度越差。　(　　)

10. 电火花线切割编程时,起始切割点尽量选在交点处,避免产生切入痕迹。　(　　)

二、填空题

1. 电极丝的进给速度大于材料的蚀除速度,致使电极丝与工件接触,不能正常放电,________称为________。

2. 线切割加工中常用的电极丝有________、________、________。其中________和________应用在快走丝线切割机床上。

3. 数控电火花线切割机床加工时的偏移量与________和________有关,计算式为________。

4. 数控线切割机床U、V移动工作台,是具有________和________加工功能的电火花线切割机床的一个组成部分。

5. 数控线切割机床操作中，换下的废丝应放在规定的容器内，防止混入电器设备或运动部件中，引起电器________和________等事故。

6. 电火花成型机加工的工作液一般采用____________或____________。

三、选择题(不定项)

1. 利用3B代码编程加工半圆 AB，切割方向从 A 到 B，起点坐标 $A(-5,0)$、终点坐标 $B(5,0)$，其加工程序为(　　)。

A. B5000 B B10000 GX SR2　　B. B5 B B10000 GY SR2

C. B5000 B B10000 GY SR2　　D. B B5000 B10000 GY SR2

2. 电火花线切加工过程中，工作液必须具有的性能有(　　)。

A. 冷却性能　　B. 防锈性能　　C. 绝缘性能　　D. 洗涤性能

3. 不能使用电火花线切割加工的材料为(　　)。

A. 大理石　　B. 铝　　C. 硬质合金　　D. 铜

4. 电火花线切割加工的特点有(　　)。

A. 需考虑电极丝损耗　　B. 不能加工精密细小、形状复杂的工件

C. 不需要制造电极　　D. 不能加工盲孔类和阶梯型面类工件

5. 电火花线切割加工的对象有(　　)。

A. 任何硬度、高熔点包括经热处理的钢和合金

B. 冷冲模中的型孔

C. 阶梯孔、阶梯轴

D. 塑料模中的型腔

6. 若线切割机床的单边电间为 0.02 mm，丝直径为 0.18 m，则加工圆孔时的偿量为(　　)。

A. 0.10 mm　　B. 0.11 mm

C. 0.20 mm　　D. 0.21 mm

7. 用线切割机床不能加工的形状或材料为(　　)。

A. 盲孔　　B. 圆孔　　C. 上下异形件　　D. 淬火钢

8. 线切割加工程序编制时，下列计数方向的说法正确的有(　　)。

A. 斜线终点坐标(X_e,Y_e)当$|Y_e|>|X_e|$时，计数方向取 GY

B. 斜终点坐标(X_e,Y_e)当$|X_e|>|Y_e|$时，计数方向取 GY

C. 圆弧终点坐(X_e,Y_e)当$|X_e|>|Y_e|$时，计数方向取 GY

D. 圆弧终点坐$(X_e,Y_e.)$当$|X_e|<|Y_e|$时，计数方向取 GY

9. 数控电火花快走丝线切割加工时，所选用的工作液和电极丝为(　　)。

A. 纯水、钼丝　　B. 机油、黄铜丝

C. 乳化液、钼丝　　D. 去离子水、黄铜丝

10. 线切割加工编程时,计数长度应(　　)。

A. 以 μm 为单位　　B. 以 mm 为单位

C. 以 m 为单位　　D. 以上答案都对

四、简答题

1. 电火花线切割加工原理是什么?
2. 电火花线切割加工的主要应用范围是什么?
3. 电火花线切割加工用的工作液应具备哪几个方面要求?
4. 什么是电火花加工,分为哪几类?

五、问答题

1. 线切割加工时工件的加工流程是什么?
2. 影响加工表面粗糙度的主要因素有哪些,解决办法是什么?
3. 数控电火花线切割加工的原理和特点?
4. 说明选择脉宽、脉间、高压电流、低压电流、间隙电压及伺服的一般规律?

六、编程题

1. 在图 1 所示零件材料上切割凸模,编写凸模程序(已知:切割方向为顺时针方向),在图上标出引入线、引出线的正位置,并编入程序,引线长 4 m,不考虑间隙补偿。

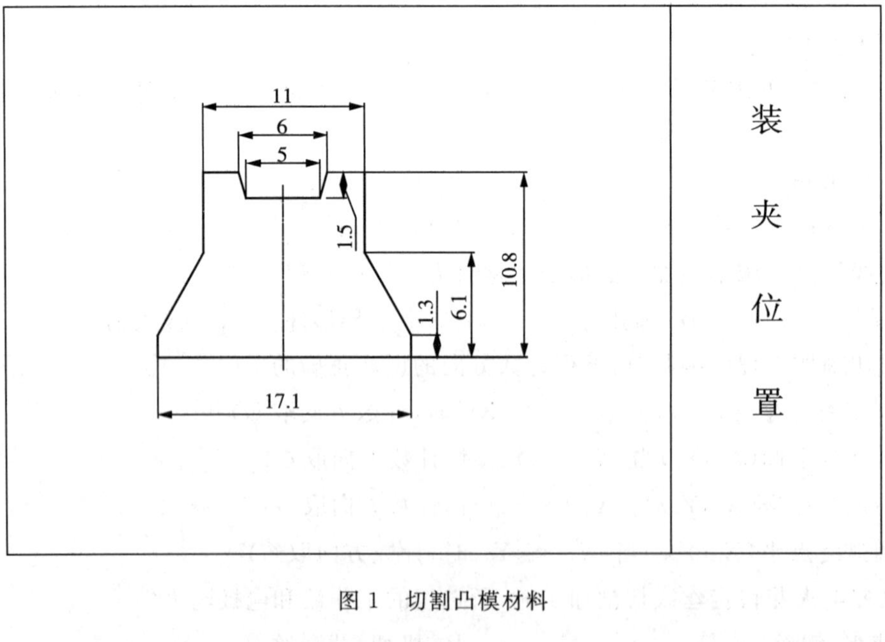

图 1　切割凸模材料

2. 编写图 2 所示的凹模程序(考虑补偿量,不加引入线、引出线)。已知:电极丝直径

$d=0.18$ mm，单边放电间隙 $Z=0.01$ mm，起始切割点为 A 点，沿顺时针方向切割。

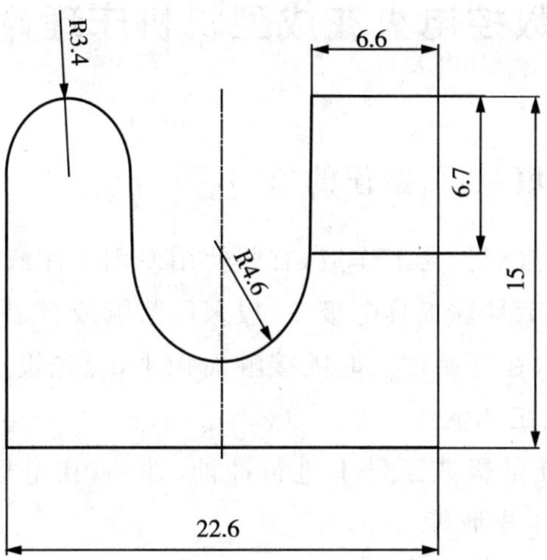

图 2　凹模型孔图

附录B 数控电火花成型机机床理论知识测试

一、判断题(正确的填"√",错误的填"×")

1. 电火花机广泛采用汽油作为工作液,有些使用专用工作液 。 (　　)

2. 电火花机加工用的工具称工具电极,一般采用紫铜或石墨制作。 (　　)

3. 为了降低电极损耗,在开始加工时因接触面积小,应先设小电流加工,等电极与工件完全接触时,再逐步增大加工电流。 (　　)

4. 一般排渣常采用:在电极或工件上进行冲油、抽油,在电极与工件间侧冲油,以及用电极周期提升方式进行挤压排渣等。 (　　)

5. 平动头是一个使装在其上的电极能产生微量向外机械补偿动作的工艺附件。 (　　)

6. 在同样加工条件下,不同工件材料的加工速度相同。 (　　)

7. 选择放电加工条件时,应根据以下数据进行选择:电极减小量、表面粗糙度、放电面积、电极形状、电极与工件材料。 (　　)

8. 电火花成形机床可以加工盲孔、台阶孔。 (　　)

二、填空题

1. 在一定的工艺条件下,脉冲宽度 TA 增大,则加工速度________,表面粗糙度________,电极损耗________。

2. 高压电流 BP 的主要作用是形成先导击穿,有利于________和加工效率的________,在加工大面积或深孔时,可适当________高压电流,以防止积炭;但高压电流加大时,电极损耗将________。

3. 在加工过程中,严禁触摸电极和工件,以防________。

4. 在用纯铜电极加工型腔时,采用________接法。

5. 电火花成形加工中使用的铜电极又称为________。

6. 电火花加工的工作液一般采用________或________。

7. 在浸液式加工过程中应保证油液面高于加工表面________毫米,如果液面过低,很容易引起火灾。

8. 工件加工完成后,工件形状与电极表面的凹凸刚好相________。

9. 电火花成形机床包括机床本体、________、________三大部分。

10. 加工过程中,操作人员不能一手触摸电极,另一只手触碰________,否则有触电的危险。

三、选择题(不定项)

1. 在加工中工件接电源(　　),电极接(　　),称为负极性加工。

A. 正极　正极　　B. 正极　负极

C. 负极　正极　　D. 负极　负极

2. 在电火花成形加工过程中,低压电流过大容易引起(　　),烧伤电极和工件。

A. 绝缘　　B. 电弧　　C. 放电　　D. 火花

3. 不能使用电火花成形加工的材料为(　　)。

A. 铜　　B. 铝　　C. 硬质合金　　D. 大理石

4. 开起液压泵前,应使泄油阀放下,并使排油拉杆处于(　　)位置。

A. 水平　　B. 竖直向下　　C. 竖直向上　　D. 关闭

5. 电火花成形加工的对象有(　　)。

A. 任何硬度,高熔点包括经热处理的钢和合金

B. 冷冲模中的型孔

C. 塑料模中的型腔

D. 以上都能加工

6. 脉冲宽度的单位是(　　)。

A. us　　B. ms　　C. s　　D. min

7. 电火花加工又称为放电加工,简称(　　)。

A. WEDM　　B. EDM　　C. ZNC　　D. CNC

8. 电火花成形加工中,放电参数是根据以下哪些因素选择(　　)。

A. 表面粗糙度　　B. 电极和工件材料

C. 电极形状　　D. 以上因素都有

四、问答题

1. 请说明电火花成型加工的原理,电火花放电过程可以分为几个阶段?

2. 简单叙述电火花成型加工的应用范围。

3. 请问影响材料放电腐蚀的因素有哪些?

参 考 文 献

[1] 周旭光．特种加工技术[M]3 版．西安:西安电子科技大学出版社,2017.

[2] 张学仁．数控电火花线切割加工技术[M]. 哈尔滨:哈尔滨工业大学出版社,2000.

[3] 刘晋春,陆纪培．特种加工[M]. 北京:机械工业出版社,1999.

[4] 唐秀兰,王乐．电加工实训教程[M]. 北京:机械工业出版社,2014.

[5] 罗永新．数控线切割机床操作与加工技能实训[M]. 北京:化学工业出版社,2008.

[6] 赵万生．电火花加工技术[M]. 哈尔滨:哈尔滨工业大学出版社,2000.

[7] 孙庆东．数控线切割操作工培训教程[M]. 北京:机械工业出版社,2014.

[8] 罗学科,李跃中．数控电加工机床[M]. 北京:化学工业出版社,2005.

[9] 黄毅宏,李明解．模具制造工艺[M]. 北京:机械工业出版社,2000.

[10] 北京市《金属切削理论与实我》编委会．电火花加工[M]. 北京:北京出版社,1980.

[11] 詹你西．电切削加工放术[M]. 西安:西安电子科技大学出版社,2005.

[12] 孙凤勤．模具制造工艺与设备[M]. 2 版．北京:机械工业出版社,2012.

[13] 中国机械工程学会电加工学会．电火花加工技术工人培训自学教材[M]. 2 版．哈尔滨:哈尔滨工业大学出版社,2000.

[14] 赖耕耘．工模具制造工艺学[M]. 北京:机械工业出版社,2000.

[15] 徐国友．线切割加工塌角的原因及对策[J]. 电加工与模具,2000(3):47-47.

图书在版编目(CIP)数据

特种加工技术/熊达,王波主编．--合肥:合肥工业大学出版社,2025
ISBN 978-7-5650-6632-0

Ⅰ.①特…　Ⅱ.①熊…　②王…　Ⅲ.①特种加工　Ⅳ.①TG66

中国国家版本馆 CIP 数据核字(2024)第 002796 号

特种加工技术

熊　达　王　波　主编　　　　责任编辑　许璘琳

出　版	合肥工业大学出版社	版　次	2025 年 5 月第 1 版
地　址	合肥市屯溪路 193 号	印　次	2025 年 5 月第 1 次印刷
邮　编	230009	开　本	787 毫米×1092 毫米　1/16
电　话	基础与职业教育出版中心:0551-62903120	印　张	10.5
	营销与储运管理中心:0551-62903198	字　数	230 千字
网　址	press.hfut.edu.cn	印　刷	安徽联众印刷有限公司
E-mail	hfutpress@163.com	发　行	全国新华书店

ISBN 978-7-5650-6632-0　　　　定价:48.00 元

如果有影响阅读的印装质量问题,请联系出版社营销与储运管理中心调换。